BUSINESS MADE

$IMPLE

60 Days to Master Leadership, Sales, Marketing, Execution, Management, Personal Productivity and More

極簡商業課

60天在早餐桌旁讀完商學院，學會10項關鍵商業技能

Donald Miller
唐納・米勒 著

蔡丹婷 譯

推薦序

讀這本書，是後疫情時代最有價值的投資選擇

白慧蘭

如果今年只有時間看一本書，一定要選這一本《極簡商業課》。

你翻開目錄，發現十大能力包山包海，你是行銷，不屑於學銷售；你是祕書，沒必要學談判；甚至你就喜歡做專業職，沒想過要當主管，爲什麼需要學管理與領導？

因爲身爲上班族的我們，工作從來沒有比此刻更加岌岌可危，爲了一輩子有錢賺，照顧好一家老小，我們都必須將自己打磨成一人企業。

如何才能不當社畜，華麗轉身爲職場神獸？

本書作者唐納．米勒給出一個至簡的答案：成爲一個「價值驅動型的專業人才」，什麼是「價值驅動型」？直白粗暴的解釋就是「讓跟你合作的人都可

以賺到錢」。

大部分的上班族樂觀地把公司與自己的關係視爲家人或夥伴，一廂情願地認定公司應該要照顧員工。

二〇二三年全球進入後疫情時代，各大企業爭先恐後地裁員，以應付景氣下行、營收不如預期的挑戰。傳出裁員消息的企業員工們人心惶惶，聚在茶水間裡都在八卦：「哪些人或部門會被公司拋棄呢？」

看看執行長們的公開信，不管詞藻再華麗，表達再委婉，訊息都可以濃縮成一句話：「我們要請不賺錢的人與部門打包滾蛋。」

與其抱怨企業無情，不如認清現實，把寶貴的時間用在精進專業能力，向市場、雇主與客戶證明自己是一個價值驅動型的專業人士。

作者把十大能力的構建，比喻爲身體的十個部位，除了讓讀者便於記憶與連結外，同時提醒讀者，磨練高價值專家的能力如同鍛鍊肌肉一般，需要成爲一種日常習慣，才能成爲一個強健的人。

從讀這本書開始，讓磨練專業能力成爲習慣，投資六十個晨間咖啡時光，就能從此擺脫掉隨時可能被裁員的不安，晉升爲老闆或客戶捧著錢來要求合作的專家，可說是後疫情時代最有價值的投資選擇啊。

（本文作者爲《職場神獸養成記》作者暨工作生活家主理人）

推薦序

帶領我們裝備好商業思維的最佳指南

何則文

每個人都要把自己當成創業者，這是我每一場講座都跟與會者分享的。這不是要大家去開公司當老闆，而是即便你在公司上班，也要有「老闆思維」。而你的客戶就是你的主管、同事或其他部門。

這樣看起來，不管你做怎樣的工作，只要身處這個資本主義的當代社會，你都會需要有商業思維，那到底什麼是商業思維？商業運作的邏輯又是怎樣？很多人認爲商業就是交易和利益，然而，這個利益不只是爲了自己創造最大的效益，更多的是怎樣透過自己的專業去「賦能」，也就是幫別人解決問題，這才是創造價值的唯一方法。

而這本《極簡商業課》可以說是帶領我們裝備好商業思維、成爲掌控自己這家公司、做爲自我生命的經理人的最佳指南。

在這個資訊爆炸的時代，怎樣可以吸收訊息，並眞的內化成爲我們的知識，進而可以應用？這可以說是我們全部人都會遇到的問題。而這本《極簡商業課》完全就是爲了現代社會這個步調極快的環境所寫，你不用看一本本厚得跟磚頭一樣的專業書籍，而是每天花不到十幾分鐘的時間，讀一篇極短篇，就可以對商業有一個全局觀點，不輸給在商學院學習多年的基底。

最重要的是，這本書談論的不單單是商業思維，更是怎樣成爲一個高效專業人士的具體方法。從內在出發，面對問題懷抱正向樂觀的成長型思維，不自欺欺人，努力爲他人創造效益，用商業觀點把自己當成一個待價而沽的商品，到如何制定策略、定價、行銷、溝通、談判、管理與執行。

作者唐納．米勒是行銷顧問公司「故事品牌」的執行長，輔導了上萬家公司，他的文字不只有很深刻的商業邏輯思維，更可以看出他對人文的關懷。簡單的文字就看出清晰的思維、深邃的思想，也能感受到米勒對生命意義和存在方式的探索。

這本書不只是用六十天每日省思自己，更多的是讓我們思考怎樣成爲一個可以爲他人創造價值的人才。我很鼓勵大家把這本書放在書桌或床頭，沒事就翻翻，它值得重複閱讀，並且思考怎樣在職涯當中實踐，透過這本書，我們可以找到自己的最佳路徑。

（本文作者爲暢銷作家）

好評推薦

唐納．米勒的《極簡商業課》，是我每天早上必服的商業靈丹，富含精明又有創意的建言，無需費心搜尋，就等在那裡供我服用！

——Chrissy Wozniak，不凡之地公司（The Uncommon Ground Inc.）

《極簡商業課》讓我的一天以一個能讓自己賺錢、省錢，或可以幫我做出更佳商業決策的點子開始。

——Grant Karst，藍天財務規畫（BlueSky Financial Planning）

《極簡商業課》幫我在短短三個月內，從個人執業成長爲不斷壯大的團隊。

——Carole Cullen，我的治療師公司（My Therapist, Inc.）

早上醒來後的最佳享受，不是我杯裡的香醇咖啡，而是唐納．米勒能讓我的小生意成長的簡單訣竅。

——Lee Baker，得分足球（uScore Soccer）

以《極簡商業課》展開一天，激勵我成爲最好的同事、領導者和商業人士。

——Deb Vigotsky，漢諾威保險集團（Hanover Insurance Group）

《極簡商業課》改變了我們的公司，我們現在蒸蒸日上，而且目標清晰又有使命感。

——James Thorne，怪怪成長公司（Quirk Growth）

《極簡商業課》幫助我的法律事務所起步。我學會提升並追蹤營業額，同時提供優質服務給客戶。

——Mariah Street，雷格西史崔特法律事務所（Legacy Street Law）

《極簡商業課》是雄心勃勃企業家的每日特效藥，對治在追求事業成功過程中，染上過度複雜、忽略或遺忘基本功等毛病。

——Donald St. George，夏洛克航空顧問公司（Sherlock Aviation Consulting）

《極簡商業課》是我每日早晨作息中不可或缺的一部分。

——Craig Dacy，克雷格達西財金顧問公司（Craig Dacy Financial Coaching）

《極簡商業課》讓我思索重要觀點，幫我從一天開頭幾分鐘就開始贏。

——Stuart Montgomery，雙松草坪養護公司（Twin Pines Lawn Care）

目次 CONTENTS

第二章　領導力至簡

如何創建使命宣言和指導原則

如何領導

第三章　生產力至簡

提高輸出又不會增加焦慮的日常作息

如何提高生產力

第四章　經營至簡

企業如何運行與避免破產

如何制定策略

第五章　訊息至簡

如何與為什麼要闡明行銷訊息

如何闡明訊息

第六章 行銷至簡

如何創建銷售漏斗，將潛在客戶轉變成購買者

如何打造行銷宣傳

第七章 溝通至簡

如何成為傑出的溝通者

如何成爲優秀的溝通者

第八章 銷售至簡

讓客戶成為故事中的主角，達成更多交易

如何銷售

第九章 談判至簡

了解談判框架，成為高明的談判者

第十章 管理至簡

改善管理技巧，打造高績效團隊

第十一章 執行至簡

徹底執行流程，完成任務

如何執行

寫在前面

你可以直接翻閱本書，不過若想慢慢學習《極簡商業課》中的概念，請上BusinessMadeSimple.com/Daily，觀看搭配每日課程的影片。只要短短兩個月，你就能學到許多人付出數十萬美元上商學院才能學到的商業教育。本書將使你轉變爲具有實用技巧的人才，能爲自己與任何組織賺進或省下大筆金錢。本書會教你如何領導團隊、賣出更多產品，以及經營事業。

再次提醒，如果你想要觀看搭配本書短文的每日影片，請至以下網站：BusinessMadeSimple.com/Daily，或寄空白電子郵件至：VIDEOS@BUSINESSMADESIMPLE.COM。

要使本書發揮最大效益：

①接下來六十天每天觀看一部影片（週末除外）。

②閱讀搭配的每日短文。

③在自己的公司或任職的公司實踐所學，成爲價值驅動型專業人才。

扎實的商業教育不該要價數十萬美元，更應該教授能轉化爲商業成功的實用技能。本書會幫助你和自己的團隊，成爲價值驅動型專業人才。價值驅動型專業人才能在更短時間內完成更多工作，而且更少壓力、更多清晰，爲自己和組織賺進更多。

一支由價值驅動型專業人才組成的團隊，將勢不可擋。

價值驅動型專業人才

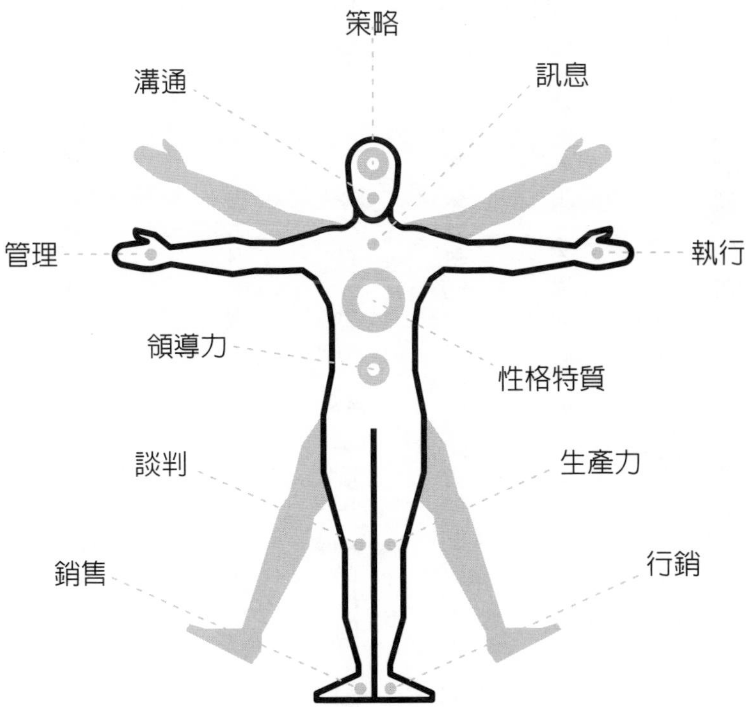
策略
溝通
訊息
管理
執行
領導力
性格特質
談判
生產力
銷售
行銷

前言

成爲具有高獲利價值的專業人才

有兩種人選要競爭一個晉升的機會，這個新職位是領導職，需要多種不同的技能。

一號人選擁有知名大學學位，熱愛人群，展現出高度職業道德，而且對公司盡心盡力。

當被問到能爲公司帶來什麼時，一號人選說他們會帶來熱情和好態度，也樂於與他人團隊合作。

二號人選已經看過本書，不僅如此，他們還深入研究這些資料，並在之前的職位上實踐磨練。

雖然沒有知名大學的學位，但他們知道如何爲公司提供有形價值。

當二號人選被問到能爲公司帶來什麼時，他們說會帶來一套被證實能預測成功的核心性格特質，以及十種核心能力，可以立刻爲公司創造財富或撙節支出。他們一一列出這些特質與能力並解釋：

①**他們知道企業眞正運作的方式：**他們很清楚活動產出比率的重要性，也明白每個部門正現金流的必要性。

②**他們是明確且能激勵人心的領導者：**他們可以指導團隊完成創建使命宣言和指導原則，並從中整合與激勵團隊。

③**他們具高生產力：**他們精熟了一套特殊系統，而且每日運用，所以能事半功倍。

④**他們知道如何闡明訊息：**他們能引導團隊，透過一套框架，創造出清楚易懂的訊息，可以用來推廣任何產品或願景，使顧客或利益關係人易於接受。

⑤**他們了解如何打造行銷活動：**他們能創建銷售漏斗，將有興趣的顧客轉變成購買者。

⑥**他們是銷售高手**：他們精熟了一套框架，能依此向符合條件的潛在客戶介紹產品，並與他們協商，最後簽下有價值的合約。

⑦**他們擅長溝通**：他們能發表演說，爲團隊提供訊息與激勵士氣，進而採取明確的行動，對提升利潤產生正向的影響。

⑧**他們精於談判**：在談判時，他們不相信直覺，而是依循一套簡單的流程，引領他們得到最佳結果。

⑨**他們是出色的管理人**：他們知道如何創建一套生產流程，並以能確保效率和獲利能力的關鍵績效指標進行衡量。

⑩**他們知道如何運作執行系統**：他們精熟了一套框架，可以確保高效團隊把對的事情做好。

兩種人選都回答了同樣的問題，但哪種人選明顯勝出？

二號人選會贏得晉升，而且他們很快就會獲得加薪，不久之後，還會再度升職，再次加薪。爲什麼？因爲他們擁有具體技能，能爲團隊減少挫折，同時爲自己和公司賺錢。簡而言之，他們是絕佳的投資。

不管你是爲自己或爲企業工作，能爲顧客或老闆的投資帶來豐厚報酬，都是打造個人財富的關鍵。我公司的每一位員工都是絕佳投資，不然我根本不會雇用他們。而即使公司是我的，我本身也必須是價值驅動型專業人才。如果我的產品或我自己不是良好的可獲利投資，那事業和公司恐怕也會前途黯淡。每一個人每天早上醒來之後，都必須爲別人花在我們身上的時間、精力和金錢提供回報。

這就是成功的祕密。如果你想在工作、愛、友誼和人生中成功，那就大大地回報身邊的人給予你的任何投資。

在競爭激烈的環境中，每一家公司都在尋找能夠帶來良好投資報酬的團隊成員。

這本書就是爲了幫助你成爲具有高獲利價值的專業人才。

本書將介紹多個革命性框架，遺憾的是，可能只有少數是你在大學時學過的技巧。

如果當初你研究的不是主打郊區家庭的一九七〇年代牙膏廣告，而是學習如何管理團隊、開發產品、行銷、銷售，並回頭修正整套流程，然後進一步提升效率呢？

如果清楚如何才能爲公司賺進大把鈔票，你在公開市場上的價值是不是會高上許多？

因爲我們之中有太多人，沒接受過實用又實際的商業教育，所以常常會暗自懷疑自己是否眞能勝任工作，並始終擔心有一天會被揭穿是個冒牌貨。

不僅如此，要回學校進修既昂貴又費時，就算眞的回學校了，你能學到什麼實用的嗎？還是又要研究其他的牙膏廣告？

事實是，如果你能精熟本書介紹的課程——價值驅動型專業人才的十種性格特質，以及價值驅動型專業人才的十種核心能力——你就能大幅提升在公開市場上的個人價值。你在工作上也會變得銳不可擋。

你將無戰不勝。

我們上大學時並不知道，那些深夜派對、在球場上的嘶吼和桌球時光，以及在全球行銷趨勢演講上打瞌睡，還有爲了猜考題而組成的讀書會，根本無法讓我們在公開市場上更有價值。

這本書可以。

這就是「極簡商業課」。

身爲專業人才，你的眞正價值是什麼？你是否具有能爲組織提供極高價值的人所具備的性格特質與技巧？請運用這本書來改造你的可獲利價值。

價值驅動型專業人才

*精熟每一核心能力，提升個人可獲利價值

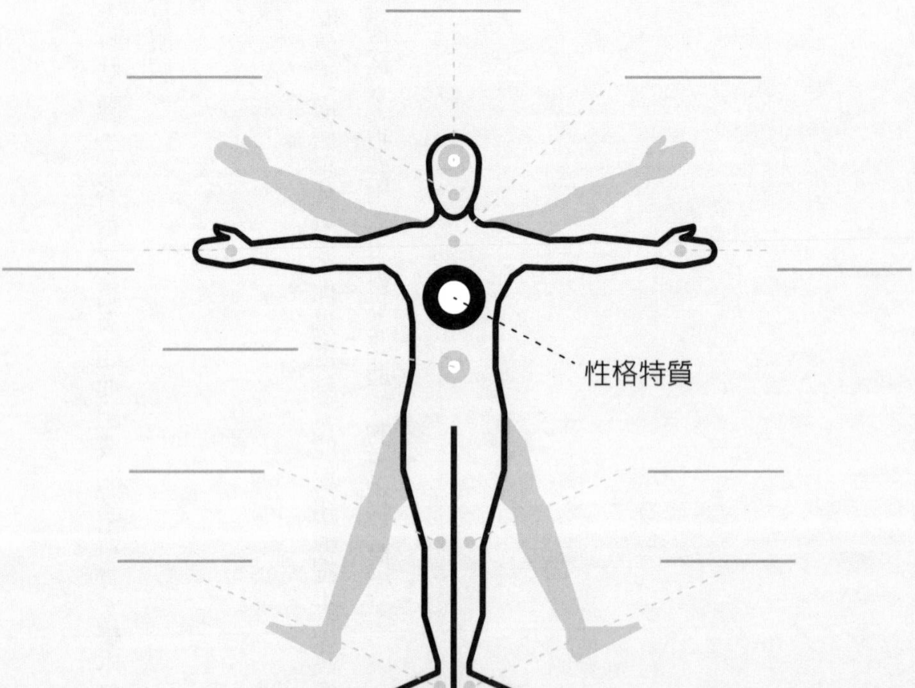

第一章

兩週快速啓動

價值驅動型專業人才的十種性格特質

任何核心能力都救不了糟糕的性格。

如果沒有好性格，不管在事業或人生中都會失敗，也永遠無法成爲價值驅動型專業人才。就算你能讓公司賺錢，但如果缺少某些性格特質，終究還是會失去奮鬥所得的一切。

因此先用兩週時間，深入探討能爲顧客與共事者提升價值的性格特質。

那麼，要成爲價值驅動型專業人才的必要性格特質有哪些？

除了正直與強烈的職業道德，成功人士與失敗者有何差別？在職場上，有什麼信念是具高經濟價值的人相信，但經濟價值較低的人沒有抱持的呢？

事實上，在工作上表現傑出者，看待自己的方式確實不同於普通職場人。正因爲看待自己的方式不同，他們行動的模式也不同。

身爲作家，我有幸與一些對世界貢獻極大價值的人交流。當中有些人舉世聞名，也有人你可能聽都沒聽過，但每一位在他們的行業中都表現出色。我拜會過國家元首、職業教練、傑出運動員、投資人與社會正義鬥士，從中注意到他們都接受一項事實：爲了到任何地方都能帶來價值，他們必須體現一套不尋常的性格特質。

接下來十天，我會介紹價值驅動型專業人才共有的性格特質，而且要探討的這些性格特質都會讓你意外。

這不是你以前看過的那種開頭寫著勤奮努力的清單。說到成功，這類的特質是很重要，但我要談的更重要。

比方說，我採訪的每一位成功人士，都把自己看成公開市場上的可獲利產品，也都是堅定的行動派。沒有一個人害怕捲入衝突，尤其是涉及不公正或不平等的問題時。與其討人喜歡，他們寧願受人敬重。此外，還有許多相似之處。

我稱這些是**價值驅動型專業人才的十種性格特質**。

你的個人本質是建立技能的基礎，這些技能之後又會轉化成公開市場上的有形價值。

價值驅動型專業人才的十種性格特質最棒的地方在於，它們是可以學習的。閱讀本書，就能開始改變你看待自己及世界的方法。

請閱讀每日短文，這本書的前十天會令你大爲意外且深受啓發。

第1天 性格特質

將自己視爲公開市場上的可獲利產品

價值驅動型專業人才將自己視為公開市場上的可獲利產品。

大多數成功人士如何看待自己？如本章開頭所述，他們將自己視爲公開市場上的可獲利產品，一心一意想讓投資在他們身上的人得到豐厚報酬。

我知道把自己看成可獲利產品聽起來很功利，但這種簡單的思維模式卻是在工作上獲勝的關鍵。

我說的當然不是你身爲人的內在價值，而是你在現代經濟體系中的價值。

事實就是，你一心成爲良好投資標的，就能吸引更多的投資，進而享有更高的個人可獲利價值。當你能在經濟體系中提供更高的可獲利價值，就可以獲得更多報酬、被賦予更多責任和獲得晉升，尋求價值的客戶也會對你趨之若鶩。相反的，抗拒「身爲公開市場上的可獲利產品」這種想法的人，不能吸引可獲利的投資，當然也無法享受到爲人們帶來豐厚投資報酬時所獲得的好處。

你敬重的人，絕大多數都能爲他人的投資帶來豐碩的報酬。我們喜愛表現最佳的運動選手，並願意付費觀看他們比賽。我們喜歡讓自己哭泣或歡笑的演員，也願意花更多錢看他們演戲。此外，銷售的產品可以解決我們任何問題的企業，也會得到我們的青睞。

你也能像這些表現卓越的人或企業一樣，成爲絕佳的投資標的。

當你走進一個房間時，別人本能上就知道該在你身上下注嗎？

如何在生活與事業上都成功？那就是你要證明自己是有價值的投資。

在事業上，你的老闆（或客戶）也許是眞的喜歡你，但大致來說，他們還是將你視爲一項能獲利的投資。這沒什麼不對。有些人甚至會說，這種看待方式是一種誠實的關係。畢竟，朋友可不會付錢請你留下，只有你的客戶和團隊夥伴才會。

所謂的夢幻團隊成員，要能積極主動地爲老闆的投資獲取五倍以上的報酬。我知道這聽起來很異想天開，但在扣除營運費用和其餘支出成本後，一名團隊成員帶來五倍以上的報酬，通常表示公司只是勉強獲利。也就是說，如果我們的薪水是五萬美元，就應該設定至少爲公司賺進二十五萬美元，這樣公司才能保持穩健成長。

隨著我們在事業中成長並持續提供價值，一家好企業會提拔我們，並付更多薪酬，讓我們繼續爲他的投資帶來數倍報酬。

聰明的企業主或團隊成員，永遠會尋找讓客戶或公司更賺錢的方法，這樣他們的價值占比才能持續提高。

這不僅適用於團隊成員，對我身爲作家和企業主來說也是如此。只有讓其他人賺大錢，我才算是成功。其實這筆錢，我也只能保有一小部分。

所以，我們要怎樣才能大獲成功？那就是讓其他人也無比成功！

殘酷的事實是，任何團隊成員帶來的報酬，如果無法達到公司對他們投資的至少五倍時，就相當於是財務風險。這意味著當一家公司選中你來任職時，老闆實際上是將自己的事業和生計押注在你的表現上。

向前邁進的關鍵，就是成爲最好的投資標的。假設在管理的股票投資組合中，有一支股票的表現始終優於其他股票，那你一定會把更多錢轉移到這支股票上。領導者永遠會把更多資源，轉移給爲他們帶來最大投資報酬的團隊成員。

在《葛洛夫給經理人的第一課》一書中，英特爾的前執行長安德魯．葛洛夫說：「一般而言，你必須接受自己無論在哪裡工作都不是一名員工——而是身處一家只有一名員工的公司：你自己。你必須和數百萬類似的公司競爭。在世界各地還有其他數百萬人，他們正在急起直追，足以勝任和你同樣的工作，也許還更爲積極。」

你能向任職的組織闡明自己的可獲利價値嗎？如果你從事客服工作，可以計算出自己挽救了多少筆銷售、幫公司避掉多少負面言論嗎？是否認爲公司因爲你每天來上班，賺進的錢是你薪水的五倍？如果是的話，你會成功。每個人都會追逐好的投資標的，放棄不良的。請將這視爲自然法則。

如果自己開公司，你能向客戶清楚說明，他們投資你會獲得怎樣的報酬嗎？你賣的油漆更持久嗎？你修剪的草皮，可以讓客戶節省時間，還能讓他們對自家院子引以爲傲嗎？

你是可以帶來報酬的投資標的，就能吸引到生意、責任、晉升和更高的報酬。成功的商業領導者會經營他們的生活，使自己成爲絕佳的金融投資，你也應該如法炮製。

想知道該怎麼做嗎？本書接下來會提供實用技能和框架，幫助你大幅提升在公開市場上的價值。所以請繼續閱讀。

★本日極簡商業課摘要

價值驅動型專業人才將自己視為公開市場上的可獲利產品，一心一意要讓他人的投資獲得豐厚報酬。

第2天 性格特質

將自己視爲英雄，而非受害者

價值驅動型專業人才將自己視為英雄，而非受害者。

如果你要我預測某人是否會在生活中成功，我只要問一個關於他們的問題，就能猜得八九不離十：他們常將自己定位爲受害者嗎？

我說的受害者是什麼意思？意思是：他們是否常常把自己說得好像對人生或未來完全沒有主控權一樣？他們是否認定命運給了他們一手爛牌？他們是否認爲別人應該爲他們的失敗負責？他們是否相信市場、天氣或星象都不利於他們的成功？

如果是的話，他們就不會成功。

令人難過的事實是，有許多人的確是受害者，他們也確實面臨施暴者。但身爲受害者與當英雄之間的差別在於，在受害者任人宰割時，英雄卻會挺身對抗，克服所有挑戰與壓迫。

以我個人而言，我出身貧寒，小時候住的是社會住宅，全家還得排隊領取政府救濟的乳酪。當然是有些經濟因素使我們家過得很困苦。在我和妹妹還小的時候，父親就離開我們，再也沒有過隻字片語，而我母親不得不長時間工作，只爲了讓我們能有一口飯吃。直到她工作的最後幾年當了專業人士，才賺到勉強能餬口的工資。

但在我們長大成人之後（我承認曾經苦於受害者心態，對失敗也只是無可奈何地接受），我母親做了一件了不起的事。她以將近六十歲的年紀，回到學校取得了學士和碩士學位，然後退休了。爲什麼？因爲她想讓孩子知道，他們可以完成任何事情。她不想讓我和妹妹以爲我們家就是受害者家庭。

事實上，即便出身貧困，我（身爲白人男性）在這個世界上還是享有許多優勢。從來不曾有人畏懼我的膚色，不會對某些人敞開的大門，也對我開放。

不過克服受害者的心態並不容易。但你我每一個人，就和我母親一樣，都能從看待自己是受害者，轉變爲將自己看成肩負使命的英雄。

永遠不能讓別人壓制你，強迫你成爲受害者。如果你把自己看成受害者，人們要麼可憐你，不然就是自覺善良而試圖拯救你，但你自己其實也有責任。

但當你奮力爭取在這世界上成功的權利時，數百萬人都會和你一起奮鬥，因爲所有人都樂於和肩負使命的英雄爲伍。

仔細觀察成功人士，就會發覺他們大多數都特別不喜歡將自己視爲受害者，這是一件好事。

在很多故事中，受害者都只是小角色。故事之所以要有受害者，是爲了讓壞人顯得更壞，將英雄襯托得更英勇。他無關緊要。受害者不會成長、改變、翻轉，在故事結尾也不會受到任何肯定。這是你絕對不會想扮演受害者的眾多原因之一。

在本文中提到受害者時，我眞正的意思是：加了引號的「受害者」。因爲有許多人會發現自己儘管根本不是受害者，但會假裝自己是這個角色。

受害者是無路可走的角色。他們確實需要拯救，否則遲早會受到傷害。

但你我通常都有其他選擇。我們會傾向進入受害者模式，通常是在面臨難關、想博取同情，或是不想爲自己行爲負責的時候。

扮演受害者往往會讓人將自己的短處怪罪於環境，而非反省自身。因爲努力不夠，沒能達成某件事，我們也許會歸咎於沒有稱手的工具、同事或時間太趕。但事實上，也許只要我們再努力一點，就能做到。

扮演受害者有時是很誘人的選項。受害者通常能逃過責難，畢竟他們是可憐無助的。受害者有時也能吸引到資源，甚至是願意幫他們完成工作的救星。

但扮演受害者的問題在於，它通常只能奏效一次。人都會厭倦和「假受害者」共處，因爲只要身邊有假受害者，你永遠得替他們收拾善後。到最後，假受害者會受人怨憤，因爲他們竊占了眞正受害者所需要的資源和協助。

有本事的專業人才可以應對任何類型的挑戰，甚至是不公平的挑戰，但仍可以找到獲勝的方法。你我所有人難免都會受到不公平的對待，但英雄能戰勝壓迫者，完成重要使命。

在電影的結尾，受害者被救護車載走，至於因爲對抗壓迫者而渾身是血的英雄，則能獲得獎賞。

在生活中，受害者的角色（我們在生命中有時確實是眞的受害者）只是暫時的。當我們是眞受害者時該怎麼做？我們呼求幫助，然後重振旗鼓，再次轉變回英雄。

你會注意到，在生活中最具影響力的成功人士，通常都能很快從錯誤中汲取教訓，渴望證明自己的價值且不求人施捨，勇於承擔自己的短處，並希望能在下一次機會中證明自己。

受害者不會帶頭衝鋒陷陣、不會拯救他人，也不會增強力量，打倒劫持者。只有英雄才會做這些事。

只有你才能決定自己是受害者或英雄。這不是我或任何人，可以強加給你的身分。全看你如何定義自己。

我要請你選擇不把自己看成受害者，那只會中止你的個人發展。的確，有些人的難關比其他人多，但你克服的挑戰越多，英勇事蹟就越輝煌。

當你面臨挑戰，很想把自己當成受害者時，千萬記住：繼續奮戰，永不放棄。

我承認，不把自己看成受害者，對我來說也是一場持續中的戰役。事實上，受害者心態常常是我的本能反應。不管是接受友人的建設性批評，或是在網路上被酸民圍攻時，我都得提醒自己：我不是受害者。這個世界上是有眞正的受害者需要幫助，但我是一個努力學習、想要變得更好的英雄，因爲，我和你一樣，是一個英雄，肩負著改變世界的使命。我希望每個人都能學到一套商業教育，得以轉變爲價值驅動型專業人才。

所以在面臨挑戰時，我非做不可的事，就是包紮好自己的傷口，繼續奮戰。

你也一樣，你的使命很重要，不該淪落至受害者的命運。

成爲英雄吧！

★

本日極簡商業課摘要

價值驅動型專業人才將自己視為肩負使命的英雄，而非受害者。

第3天　性格特質

知道如何保持淡定

價值驅動型專業人才知道如何保持淡定。

你會注意到，出色領導者都有一個共同點：他們知道如何保持淡定。你越是能保持自身冷靜，並幫助身邊的人維持理智，就越能獲得尊敬，也更有可能被選中升遷。

不必要的情緒化通常是一個人想藉此引人注意，達成目標的手段。舉例來說，如果不希望別人批評你，就會藉由情緒化的方式對批評反應激烈，讓別人一定永遠不會再批評你了，但只是不會當著你的面。遺憾的是，你的情緒化，只是讓人們在背後整天批評你。

一個情緒化的人會將整個房間的能量吸到自己身上，這對舞台上的演員來說很完美，但在現實生活中，尤其是在商場上，這只會扼殺你的事業。

每個人每天的能量都有限，我們用這些能量來滿足自己、關心的人、同事的需求。然而，情緒化的人會偷走你的能量，讓你沒有精力照顧自己或他人。

因此，情緒化的人會令人反感，而且大多數人都會盡量避開他們。

那麼，你要怎麼成為一個能保持淡定而不是情緒化的人呢？

關鍵在於關閉激動缺口。

如果以一到十分來評估值得為一個情況情緒化的程度，那麼要成為一個淡定的人，關鍵就在於不超過激動程度上限，甚至可以壓低。

如果有人用你的電腦登入查自己的私人郵件，結果忘了登出，而你的反應是把電腦砸到房間另一頭，那你的激動缺口就開太大了。你反應過度。

整體概念如下：

我們會敬重一個人對某情況的反應，略低於應有的激動程度，沒有太超過。我們會信任能保持冷靜淡定的人，這樣一來，處理真正重要事務所需的關鍵能量，才不會被白白浪費。

第一個登陸月球的太空人阿姆斯壯，出名的就是在任何情況下都泰然自若。不管周圍的情況如何混亂，他就是能讓太空船抵達，然後又協助登月艇登陸月球。在肩負重責大任時，情緒化對你一點好處也沒有。

那麼，要怎樣才能保持淡定？

面臨引發情緒激動的場面時，要自問一個關鍵問題：一個鎮定理智的人，會如何處理這種情況？

當你在情緒上將自己從當下情況中抽離，就像是劇情的編劇而不是劇中人般做出回應時，你會驚訝地發現，正確的回應會相當清晰地浮現。

一位朋友告訴我，有一次他和妻子發生爭執，當抽離自身，像在看電影似地觀看當下場景時，他意識到自己是個情緒化的蠢蛋。他沒有繼續升高衝突，而是向妻子坦言，他對自己剛才的行爲感到有點丟臉，要先冷靜幾分鐘，等他回來就向妻子道歉了。

在他們和好如初後，他意外發現妻子更敬重他了，因爲他能讓自己淡定，而不是堅持己見，直到吵贏。

事實是，我們不必當自己情緒的奴隸，情緒也不必變成行動。

久而久之，一個在壓力下仍能保持冷靜淡定的人，會獲得敬重，並被選爲領導者。

★本日極簡商業課摘要

價値驅動型專業人才能保持淡定。

第4天 性格特質

把回饋當成禮物

價值驅動型專業人才知道回饋是一項禮物。

當我們出生時，人們驚嘆地聚集到我們身邊。每個人都想抱我們、讚美我們、慶賀我們的存在。爲什麼？因爲沒有什麼比新生兒更值得無條件的愛了。可是當我們漸漸長大，周遭的人對我們就有了更多的期待。我們被教導什麼是安全與危險，什麼是合宜與不合宜；再長大一點，就是什麼是合乎道德與不合乎道德。

心智健全成年人的一個象徵，就是接受回饋的能力。孩子的象徵，則是期待沒來由的讚美。

孩子僅僅因爲存在就可以獲得讚美，而成年人則被期待要去學習、變好並接受回饋。

雖然接受回饋有時候並不容易，尤其是不請自來的那種，但這種能力是成熟的象徵，也會讓你在市場上更具競爭優勢。

能虛心接受可信任的導師及友人回饋的人，就可以增進自己的社交及專業能力。

世界上許多頂尖人士，都建立起接受同儕回饋的習慣。

你也可以建立起一套習慣，檢討自己的專業表現。你可以把工作做得更好嗎？你在按時完成工作上能做得更好嗎？有沒有什麼技術是你還不了解，但可以提升生產力和效率的？你是否有不專業的舉止，惹惱了身邊的人？

在我的公司，每個團隊成員都有與上司的每週站立會議（stand-up meeting），每季則有績效檢討。在這些開誠布公的會議中，績效會受到評論，這樣才能得到改善。年末時則會按績效發布福利方案。所以對回饋的反應，直接攸關他們的個人可獲利價値。

如果你任職的公司沒有這種能獲得回饋的執行系統，你可以在行事曆上劃定每季與導師或一同工作的友人開會，請他們給予回饋。持續地詢問他們：

「我有哪裡可以改進？」

想在生活中建立回饋循環，可以考慮以下點子：

①找眞心爲你著想的人。

②定下定期開會時間——每季或每月。

③建立一套標準問題：

你是否看過我舉止不專業？

你是否注意到我遺漏了什麼？

我現在做的事，有哪裡可以改進？

信任的友人給予的誠實觀察都是養分，有助滋養你的專業肌肉。等他們提供回饋後，問問他們是不是還有什麼沒說。也許有什麼是你完全忽略掉，但必須知道才能有所改進的。

謝謝他們的回饋，並把他們所分享的應用在工作上。除非回饋能用來幫助我們改變和採取行動，否則它們毫無意義。

接受並內化回饋可以是你的祕密武器，使你成爲強大、有本事的專業人才。很少人有能力聽取並接受回饋，如果能做到，你在個人和專業方面的成長將超乎想像。

★本日極簡商業課摘要

價值驅動型專業人才建立習慣，定期從信任的人那裡獲得回饋，並運用在事業上成長。

第5天 性格特質

知道如何正確地應對衝突

價值驅動型專業人才知道應對衝突的正確方法。

會逃避衝突的人，很少會被選爲領導者。

爲什麼？因爲人類所有的進步過程，都要經歷衝突。不經歷並應對衝突，你就無法攀登高山、建造橋梁、建立社群，或是使企業成長。

積極的抱負永遠會遇到阻礙。

管理者的首要工作，就是應對衝突。不管是和不滿的客戶談話、解雇績效不佳的員工、報告不夠漂亮的數據，還是與競爭者對峙，衝突與成功都是密不可分的。

如果你逃避衝突，就無法走向成功。

那麼，我們該如何應對衝突，才能使自己及身邊的每一個人都受益呢？了解以下四個技巧，就能幫助任何人應對衝突，進而在事業上成功。

①**預期衝突**：衝突是合作的自然副產物。只要人們一起共事，不管是在企業中或在社會上，在探索如何前進的過程中一定會出現緊繃。衝突不是壞事，只是進步的副產物。

②**控制你的情緒**：衝突一旦陷入情緒化就會失控。當你對面前的人感到輕蔑和憤怒，就代表你關閉了自己理智講理的一面，雙方之間的衝突就會升溫。置身衝突中時，試著保持冷靜並講理。

③**肯定與你對峙的人**：人在對峙時，常會覺得自我受到威脅，所以要記得在言論中肯定並尊重對方，即使你們正在對峙中。

④**明白自己可能錯了**：當個人將自己的意見視若珍寶，衝突就會升高。永遠記得，衝突的重點在於進步，而不是證明你是對的。無論你和誰對

談，都要抱持合作心態，讓對方及其事業受益，進而朝正向發展。

價值驅動型專業人才熱愛有建設性的衝突，就像職業選手熱愛努力訓練帶來的痠痛。只有透過有建設性的衝突和緊繃，我們才能進步。

妥善管理衝突，你就會被交託更多責任。

★ **本日極簡商業課摘要**

價值驅動型專業人才知道如何管理衝突。

第6天 性格特質

追求別人信任和敬重，更勝於討人喜歡

價值驅動型專業人才追求別人的信任和敬重，更勝於討人喜歡。

團隊成員眞正想從領導者那裡得到的是什麼？

比起獲取團隊成員的敬重，外行的領導者更在意團隊成員是否喜歡他們。但團隊成員最想從領導者那裡得到的不是友誼。他們最想要的是明確。

一個籃球教練希望討人喜歡，勝過想得到敬重，他帶出來的隊伍只會敗績連連。

當然，每個人都喜歡得到親切與尊重地對待，但是一個親切又尊重人的教練，如果沒有設立明確的期望並帶領團隊邁向勝利，那麼長久下來只會使團隊成員感到挫折。這種挫敗感會使領導者失去別人的敬重。

許多新手管理人在被提拔爲領導者時，會對同事關係的變化感到困惑。曾經是朋友的人不再與他們交心，他們一走進房間，室內原來的談笑聲往往就跟著中斷，他們和團隊內的同事之間的距離也漸漸拉遠。

這種互動是自然現象。

距離感之所以出現，不是因爲團隊不再喜歡這個領導者。事實上，整個團隊通常會比以往更加敬重這位朋友。距離感之所以出現，是因爲曾經的朋友要是突然不認可，他們就可能飯碗不保。

隨著你的職涯成長，要注意不要把新獲得的地位當成是對自己的評判。你要的不是討人喜歡（即使這很誘人），而是贏得團隊成員的敬重。

以下三件事是人人都敬重的領導者作爲：

① **明確的期望：**價值驅動型領導者著眼於大局，讓團隊知道公司或部門前進的方向。團隊的整體目標是什麼？當你問團隊成員，上司對他們有何期望，他們應該要能清楚說出來，不然這樣的領導者就是不合格。

② **問責制：**艾咪負責每月提出存貨報告嗎？布萊德應該每天打十五通銷售電話嗎？讓他們知道，並要求在站立會議中報告。

③ **獎勵好表現：**一旦你解釋過大局，也設立了明確的個人期望，接下來就要肯定團隊的好表現，而且爲了縮小績效落差，要挑戰與支持他們。不要讓你的團隊成員練讀心術。即使他們明顯達到你的預期，也要你說了，他們才會相信。

當你設立明確的期望，並對這些期望問責，最後獎勵好表現，你的團隊就會不斷壯大。少花點時間試圖討人喜歡，多花些時間給團隊明確的期望，你就能贏得他們的敬重。

★本日極簡商業課摘要

價值驅動型專業人才設定明確期望，採行問責制，獎勵好表現，進而贏得團隊的敬重。

第7天 性格特質

堅定的行動派

價值驅動型專業人才是堅定的行動派。

我從未見過兩個一模一樣的成功人士。我見過謙遜的成功人士，也見過狂傲的。我見過充滿創意的成功人士，也見過缺乏創造力的。我見過急驚風的成功人士，也見過慢郎中，一派輕鬆到讓你會懷疑他們是怎麼成功的。

事實上，要想成功，比起按照某種公式執行，完全做自己還來得更重要。不同的人有不一樣的超能力，當我們全然活出自己的超能力，就會看到事業有所進展。

話雖如此，但是有一項特質倒是任何成功人士都具備的：他們都是堅定的行動派。

我所謂「堅定的行動派」，是指他們一旦有想法就不會雷聲大雨點小，而是會採取行動讓想法實現。

在我們辦公室都稱它是「把球送到達陣區」。之所以這麼說，是因爲我們知道，擬定策略、精神喊話，甚至是辛苦的挺進都不算數，只有把球送到達陣區才能得分。

成功人士會在現實世界中讓事情實現，他們不會讓自己的大好人生只存在於幻想中。

事實上，有一點讓我很意外：我遇過的許多成功人士，才智並非特別出眾。我的意思是，在和他們談話後發現，他們並沒有博覽群書，或是想像力特別豐富。就在我思索爲什麼想法這麼單純的人，卻能擁有這般影響力與財富時發現，這是因爲他們都是超級堅定的行動派。

別人也許能想出絕佳的點子，或是可以從許多角度分析重要議題，但行動導向的人就是擅長讓事情成眞。

如果想建立自己的企業或事業，記住：只要每天醒來採取行動，你就能打敗市場上的任何人。

後文我會傳授一套個人生產力框架，幫助你完成更多事。但現在我們要先知道，做白日夢或談論點子，並不能讓你得分。只有在眞實世界中有所作爲，我們的世界才會開始改變、變得更好。

★ **本日極簡商業課摘要**

價值驅動型專業人才是堅定的行動派，才能在競爭中勝出。

第 8 天　性格特質

不自欺欺人

價值驅動型專業人才不會自欺欺人。

我的商業教練道格．凱姆（Doug Keim）曾說過一句話，讓我始終銘記在心。那時我們在通電話，我向他請教，有一名員工績效不佳一年多了。之後我回想起他說的話上千遍，這句話幫助我做出更好的決策並採取行動。

他說的是：「唐，別再自欺欺人了。」

基本上，道格的意思是，我很清楚自己該做什麼，只是不想去做。

我必須解雇那名員工。該行動了。

從那時起，我就深深體會到，大多數我們以爲難以釐清的情況，其實答案很明顯。事實上，我們會舉棋不定，往往是因爲想逃避衝突和不願採取行動。

舉例來說，通常我們都很清楚，是該買下某樣東西或把錢存起來。我們很明白是否該向某人道歉，也知道是該出門還是上床睡覺。其實我們心知肚明，只是不想去做該做的事，所以選擇困惑不定的狀態來逃避責任。

然而，價值驅動型專業人才可以透過客觀的濾鏡來看世界，也不會讓「討人喜歡」、不重要的欲望或逃避衝突，影響他們心智的清晰。

你何時見過一個具有重大影響力的人物，總是猶豫不決，不知該如何是好的樣子？應該從沒見過吧。成功人士不會活在困惑中，他們總是條理分明。這不是因爲他們能把世界看得格外清楚，而我們就是霧裡看花。事實上，所有人都能把世界看得相當清楚，只是我們選擇自欺欺人。

我發現，如果我自欺欺人，通常是因爲以下三種原因：

①**我想討人喜歡：**我擔心做了自己知道必須做的事之後，別人是否還會喜歡我。

②**我會丟臉：**我在意做正確事之後，別人（通常是陌生人）會怎麼看我。

③**害怕：**我怕做正確事之後，財務或身體要付出代價。

在困惑不定時，這有助於我釐清自己眞正的困惑癥結。不管是想討人喜歡、丟臉或害怕，當我認清它的眞面目時，困惑就會像潮水般退去。

面臨看似困惑未定的情況時，我們必須自問：我從另一個外人的角度來看自己的生活，顯然該採取的正確行動是什麼？

這個問題的答案，正是我們不自欺欺人時，就該去做的事。

★

本日極簡商業課摘要

價值驅動型專業人才會做出該做的正確決定，不會自欺欺人。

第9天 性格特質

永遠保持樂觀

價值驅動型專業人才永遠保持樂觀。

在人生絕大多數日子都很平順之下，爲什麼我們那麼害怕事情會出錯？原因在於，人類屬於靈長類。靈長類非常擅長評估和避開威脅。也許太過擅長了。

大腦的設計是爲了讓人活下去，這是它的首要任務。這也讓身爲靈長類的你，非常擅長預測有哪些事可能出錯，所以你會在屋頂邊緣後退，以免墜落；也能察覺一個人是否危險。

如果你不擅長這些事，很可能早就沒命了。

然而，我們擅長的還不只是察覺具體威脅，也很善於不讓自己出醜，因為出醜可能會使我們在所屬的團體失去地位。我們還很擅長規避可能失敗的高風險探索，因為失敗可能會讓自己失去賴以維生的資源。

的確，以更靈敏的風險與報酬濾鏡來看人生的人，會活得比其他人安全。他們損失較少，因為他們較少冒險。

但他們也獲得較少，因為他們較少冒險。

如果我們不留心的話，想避開風險的欲望，就可能假扮成憤世嫉俗。比方說，每當有人開始談及成功，憤世嫉俗的人就會翻白眼。為什麼？通常是因為他們不敢冒險，但又不願承認自己害怕。

事實上，雖然生活中有些成功的機會行不通，但有些確實可行。你越是抱持樂觀，就越能享有嘗試後帶來的報酬。

永遠保持樂觀，就能大幅提升你遲早會成功的機會。你越是樂觀，就越是樂於嘗試——你越是樂於嘗試，就越有可能體驗到成功。

高影響力人士相信好事會發生。就算嘗試後失敗，他們也會立刻將它拋諸腦後，開始熱切期待下一次機會。

隨便找個成功人士，你會看到一個失敗次數比大部分人還多的人。隨便找個不成功的人，你會看到一個試了幾次就放棄的人。這與直覺相反，但成功人士其實比不成功的人更常失敗。只是他們對人生樂觀以待，所以會捲土重來。

這一點在生活的任何領域都成立，從關係到體育、再到商業皆然。

多年前，我訪問過彼得．卡羅爾，當時是他擔任美式足球隊西雅圖海鷹教練的第二年。我問起他的一項特殊信念——「不管比什麼都會贏」。無論是跳棋、西洋棋、還是美式足球，他都眞心相信能在參加的每一場比賽中獲勝。

我忍不住問：「教練，要是你輸了會怎麼樣？」

教練往後一靠，高舉雙手說：「我會很震驚！每次都是。唐，說眞的，我從來沒料想過這一點。」

「你很震驚，每次都是？」我問。

「每次。我從沒想過會輸。」

仔細想想，卡羅爾教練的哲學高明極了。因爲永遠抱持樂觀，所以他能精力十足地不斷嘗試，永不放棄。就在我訪問他之後的一年，他帶領西雅圖海鷹隊贏得了超級盃。

隔年他們再度打入超級盃，但在決賽時輸了。我猜卡羅爾一定很震驚，至少一分鐘吧，接著他又會開始滿心期待明年的機會。

沒有什麼比事先認定事情行不通的心態，更損耗你的人生了。

生命就像一場統計學遊戲。沒有保證的結果，但只要你投入越多努力，贏的機率就越高。

★ **本日極簡商業課摘要**

價值驅動型專業人才知道，永遠保持樂觀，能提高在工作和生活中成功的機率。

第10天 性格特質

擁有成長心態

價值驅動型專業人才擁有成長心態。

在《心態致勝》一書中，史丹佛教授卡蘿．杜維克提到，有兩種心態在很大程度上能預測個人或團隊的成敗。第一種是定型心態，定型心態的人認爲自己的性格特點和能力難以改變，自己就是這個樣子，無法變成更好的人。

定型心態的人知道自己的才智和能力，但不相信自己有能力提升這兩者。因爲定型心態的人認爲，智力生來就是固定的，他們害怕在別人面前像個傻瓜。他們不相信自己能學到新東西，所以被批評或失敗時就會變得防衛。他們爲什麼要防衛？因爲他們不相信自己可以透過學習做得更好。

杜維克提到的第二種心態是成長心態。她發現，擁有成長心態的人，相信自己的大腦具適應力，可以變得更聰明。他們樂於迎接挑戰，也不把失敗看成是對自身的指責。

在對學生的研究中，杜維克發現，擁有成長心態的學生如果考試成績不佳，他們會尋求改進方法，而定型心態的學生會放棄。成長心態的學生會進步，考得更好，而定型心態的學生則否。成長心態的學生會修讀進階課程，而定型心態的學生則從此落後。

你可以輕易看出他們的未來走向。擁有成長心態的人會被賦予更多的責任做為獎勵，會有更好的表現，能得到更高的報酬。

所幸，定型心態可以轉變為成長心態。

想從定型心態轉變為成長心態，杜維克建議從五個不同面向改變對世界的看法：

① **挑戰**：我們必須迎接挑戰，而非避之唯恐不及。

②**難關：**面臨難關必須堅持到底，絕不放棄。
③**努力：**我們必須把努力看成通往精通的道路，而非白費工夫。
④**批評：**我們必須從批評中學習，而非對有用的回饋置之不理。
⑤**他人的成功：**我們應該受他人的成功激勵，而非感到威脅。

簡而言之，擁有成長心態就是要明白，我們永遠不會到達山頂，但可以持續攀登，進而享受到益發遼闊的風景。

要從定型心態轉變爲成長心態，我們就要從相信「我就這樣了」，改爲「我可以更好」，以及從「我很棒」改爲「我可以不斷學習並進步」。

就連相信自己是定型心態，所以無法學習擁有成長心態，都是一種自我實現的預言。你有成長心態嗎？

★ **本日極簡商業課摘要**

價值驅動型專業人才以成長心態看待世界，相信自己天生就是要在生活的各個領域成長進步。

價值驅動型專業人才

*精熟每一核心能力，提升個人可獲利價值

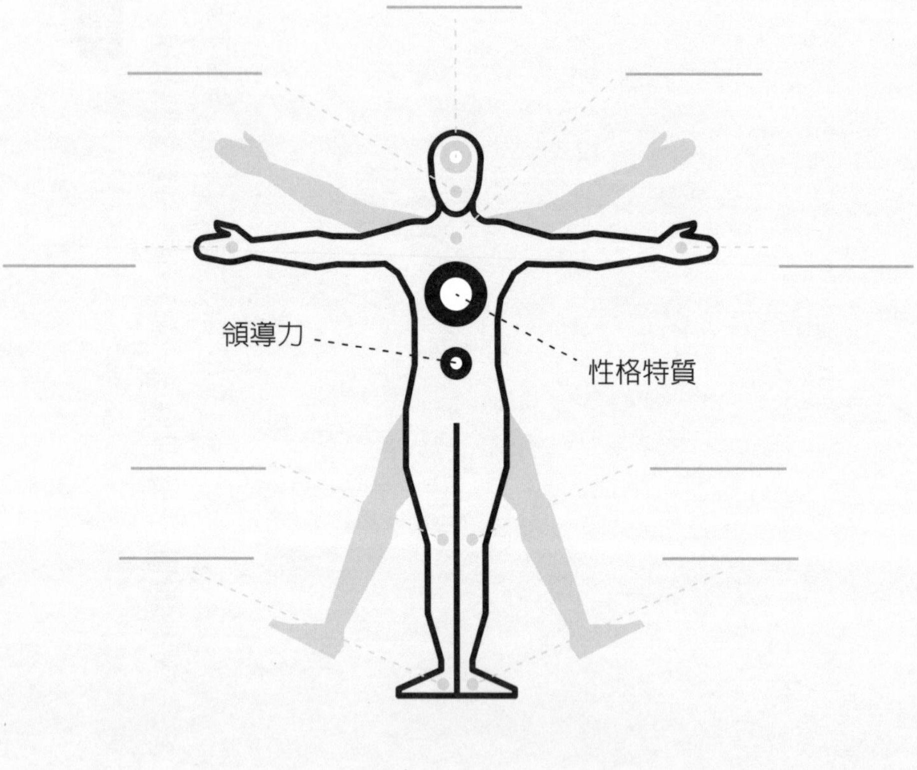

第二章

領導力至簡

如何創建使命宣言和指導原則

一旦你培養展出價值驅動型專業人才的性格特質，就會被選爲領導者。任何人能展現出本書前兩週所定義的性格特質，我保證，一定會卓然出眾。

但接著呢？我們該如何領導？

這個嘛……領導力可以談的太多了，事實上，每個領導者都不太一樣。但所有優秀的領導者都會提出願景，藉此提升團隊士氣並團結一心。否則部下只會摸不著頭緒，目標也就難以達成。

事實上，以下就是「領導力至簡」：

①邀請團隊進入一個故事。
②解釋這個故事爲何重要。
③讓每位團隊成員都在故事中擔任一角。

領導者的第一要務，就是每天早上醒來，指向地平線，讓團隊的每個人都知道組織前進的方向。

領導者的第二要務，就是以清楚簡單的方式解釋，爲什麼前往並抵達那個特定地點的故事很重要。

領導者的第三要務，就是分析每個團隊成員的技巧和能力，讓他們在故事中分別擔任要角。

人人都渴望擁有使命。我們天生就視自己爲故事中的英雄，即使是孩子，也知道在這個星球上，我們的存在很重要。

不僅如此，身爲群居動物，每個人都渴望加入群體，一同追求嚴肅與重要的使命。

這就是衝勁十足的領導者能吸引一流人才的原因。任何你知道或聽說過的衝勁十足領導者，內心都有著熊熊燃燒的使命感，吸引著他人加入。

偉大的領導者之所以偉大，是因爲使命感讓他們偉大。絕無例外。

不能在強烈使命感之下團結一致的團隊，只會浪費時間、精力和金錢，行進方向可能根本不符合組織的整體目標。

沒有使命感的人不但浪費企業資源，也浪費了自己的生命。人類的本性就是想當肩負使命感的英雄，成就大事。當我們完成重要任務，就會覺得自己是重要的。如果沒有，就會覺得自己沒有充分發揮潛能。

一個能爲團隊定義使命，並每天提醒團隊使命所在及其重要性的領導者，對組織來說是價值連城的人才。

在接下來的五天，我要介紹組成一套指導原則的五個部分。這套指導原則定義出的使命，可以用來團結整個企業或企業的任一部門。許多人甚至利用「使命宣言至簡」框架，讓家人團結一心！

接下來五天要教的原則，適用於你的事業或個人生活，當然也適合家庭。就我本身來說，我爲自己的個人生活、婚姻、家庭、公司，發展出一套指導原則（使命），也爲我代中產階級家庭發起的政治倡議活動，發展出一套指導原則。

因爲有了這些指導原則，我不會每天醒來時渾渾噩噩，而是始終知道自己應該繼續奮鬥，而且很清楚爲什麼。

我要教給你的這套指導原則，一共包括五個部分：

① **創建使命宣言**，它也讓你眞正受到激勵。

② **創建一套關鍵特質**，用來指導你進展。

③ **列出關鍵行動清單**，確保你能完成使命。

④ **創造故事話術**，爲你的使命吸引資源。

⑤ **定義主題**，解釋「爲什麼」你會有這樣的使命。

完成之後，一套可以爲你自己或組織勾勒出願景的指導原則，應該會像【圖表2-1】，寫成簡單的一頁表格。

想學會如何爲自己及團隊創建指導原則，請往下讀每日短文，就能創建出一套自己的指導原則。

到第三週結束時，你就能學會一套大多數領導者從未意識到的基礎技巧。你會學到如何以使命感讓團隊齊心齊力。

使命宣言	關鍵特質	關鍵行動
我們提供休士頓地區最好的花，為人們帶來喜悅，因為收到所愛的人送的花時，會讓人煥發新生。	1.**正向**：我們相信花能讓每個人的日子亮起來。 2.**創意**：我們創造休士頓地區最美麗的花藝。 3.**投入**：我們全心投入工作，因為人們的喜悅有賴我們的工作。	1.**我們微笑**：我們的態度陽光積極，因為花就是要為人們帶來喜悅。 2.**我們學習**：我們不斷學習關於花的事，以及如何做出更美的花藝。 3.**我們清理**：我們一天三次清理賣場。

你的故事話術

在珍妮花坊，我們認為有許多人平日並沒有受到他人認可。不受人認可會使人難過，甚至失去希望。

當人們收到花時，就會煥發新生，因為覺得有人記得他們。簡單的一束花，就能提醒一個人，他是多麼受到重視，因而連續數日都精神振奮。

我們提供休士頓地區最好的花，因為每個人都應該有一個簡單又有效的方式，去認可自己所愛的人。

主題

人們收到花，得到認可時，會煥發新生。

圖表2-1　珍妮花坊

第11天 如何領導

寫出一個好的使命宣言

要團結並激勵團隊，就要學會寫出簡短、有趣又好記的使命宣言。

要領導自己或團隊，就必須清楚前進方向。所以你得定義出一個明確的目的地。

大多數企業都有使命宣言，但說真的，大部分使命宣言都**糟透了**。裡面充滿了行話和商業術語，聽起來像是律師代股東擬定的，而不是出自對工作充滿熱忱的團隊成員。

那麼，我們要如何寫出一則好的使命宣言，才能讓人確實記住並執行？

如果電影《梅爾吉勃遜之英雄本色》裡的威廉・華勒斯，不能騎在馬背上

使命宣言

我們提供休士頓地區最好的花，為人們帶來喜悅，因為收到所愛的人送的花時，會讓人煥發新生。

關鍵特質

1.**正向**：我們相信花能讓每個人的日子亮起來。

2.**創意**：我們創造休士頓地區最美麗的花藝。

3.**投入**：我們全心投入工作，因為人們的喜悅有賴我們的工作。

關鍵行動

1.**我們微笑**：我們的態度陽光積極，因為花就是要為人們帶來喜悅。

2.**我們學習**：我們不斷學習關於花的事，以及如何做出更美的花藝。

3.**我們清理**：我們一天三次清理賣場。

你的故事話術

在珍妮花坊，我們認為有許多人平日並沒有受到他人認可。不受人認可會使人難過，甚至失去希望。

當人們收到花時，就會煥發新生，因為覺得有人記得他們。簡單的一束花，就能提醒一個人，他是多麼受到重視，因而連續數日都精神振奮。

我們提供休士頓地區最好的花，因為每個人都應該有一個簡單又有效的方式，去認可自己所愛的人。

主題

人們收到花，得到認可時，會煥發新生。

圖表2-2　珍妮花坊

喊出你的使命宣言，激勵士兵爲此犧牲奉獻，那就不是一則有趣的使命宣言。

想像一下威廉・華勒斯喊出你企業的使命宣言——當然，前提是你知道自家的使命宣言是什麼。

用你目前的使命宣言，很難想像它能鼓舞士氣嗎？

沒事，那就修改吧。

好的使命宣言應該簡短、有趣，又能鼓舞人心，否則根本毫無價值。此外，使命宣言應該將你們的努力，定位爲一**種對不公義的反擊**，並解釋你們正在做什麼事來爲人服務，以及爲什麼這種努力很重要。請見【圖表2-2】。

登陸諾曼第海灘的士兵肩負使命。在美國民權運動時期，自由乘車者乘坐跨州巴士到種族隔離最嚴重的南方各州，他們肩負使命。重新定義人類極限的太空人也肩負使命。汽車製造商特斯拉以電動汽車顛覆內燃機引擎業界，以及Netflix 提供串流電影服務，他們同樣肩負使命。你正在讀的這本書，也正在顛覆美國的商學院，付出極低的成本，就傳授你實用的商業技能。

能吸引人的是使命，不是商業術語。再次強調，你的事業是由一群渴望對使命有貢獻的人所組成。

以下是簡短有力的使命宣言公式：

我們藉由＿＿＿＿＿＿＿＿，達成＿＿＿＿＿＿＿＿，因為＿＿＿＿＿＿＿＿。

以下為範例：

① **配管公司：**我們在未來五年內要服務一萬名客戶，因為每個人都值得擁有通暢的管道，以及感覺受到重視的服務。

② **軟體公司：**到二〇二九年時，我們的軟體會在美國半數的電腦上執行，因為沒有人應該忍受讓使用者困惑的軟體介面。

③ **家庭餐廳：**我們會在五年內成為全州最棒的披薩店，因為這裡的人值得拿使用在地食材的披薩來炫耀。

像這樣簡單的使命可以激發行動，而且因爲我們明確定出期限，所以還增添了一種急迫感。

順帶一提，等期限到了之後，你可以再寫另一則使命宣言。沒人說使命宣言不能每隔幾年就重擬一次。

你當然可以不用這個公式來寫使命宣言，但說眞的，這會比大多數組織現行的使命宣言更加明確且激勵人心。

事實上，大多數的使命宣言都是讓人看完就忘。你知道公司的使命宣言嗎？你的團隊中有人記得嗎？

我曾經和一群高階經理人開會，當我說大多數使命宣言都很糟時，他們大爲反彈。他們不久前才參加了一場四十八小時的研修，期間字字推敲出新的使命宣言。

我問財務長是否參加了這次研修，他說是的。我請他背一遍使命宣言，但他說不出來。他已經忘了。

事實上，如果你本人或團隊成員，背不出使命宣言，那就很難肩負使命。

我們已經把使命給忘了。

有能力的團隊成員，知道如何藉由使命宣言激勵自己，並使團隊可以齊心齊力。

記住，要簡短、有趣，還必須能激勵人心。

使命宣言是指導原則五大部分中的第一部分。接下來四天我將傳授其餘的部分，幫助你引導、整頓與激勵團隊。

★本日極簡商業課摘要

要讓團隊齊心，就創建一套指導原則，其中包括簡短、有趣又好記的使命宣言。

第12天 如何領導

定義關鍵特質

定義出為了完成任務必須發展的關鍵特質，你就能改變自己和團隊。

指導原則的第二部分是**關鍵特質**，請見【圖表2-3】。

當你開始執行使命時，就是在邀請別人進入一個故事，在這個故事中他們會克服挑戰，成就一件大事。在故事中，角色會改變。他們變得更強大、裝備更精良、更有信心、更有能力完成手頭的工作。

正是歷經一個有意義的故事，我們才能轉變爲更好的自己。

當你列出爲了達成使命，自己和團隊需要體現的關鍵特質時，基本上就是在告訴團隊的每一個人，他們需要成爲什麼樣的人。

使命宣言

我們提供休士頓地區最好的花，為人們帶來喜悅，因為收到所愛的人送的花時，會讓人煥發新生。

關鍵特質

1.**正向**：我們相信花能讓每個人的日子亮起來。
2.**創意**：我們創造休士頓地區最美麗的花藝。
3.**投入**：我們全心投入工作，因為人們的喜悅有賴我們的工作。

關鍵行動

1.**我們微笑**：我們的態度陽光積極，因為花就是要為人們帶來喜悅。
2.**我們學習**：我們不斷學習關於花的事，以及如何做出更美的花藝。
3.**我們清理**：我們一天三次清理賣場。

你的故事話術

在珍妮花坊，我們認為有許多人平日並沒有受到他人認可。不受人認可會使人難過，甚至失去希望。
當人們收到花時，就會煥發新生，因為覺得有人記得他們。簡單的一束花，就能提醒一個人，他是多麼受到重視，因而連續數日都精神振奮。
我們提供休士頓地區最好的花，因為每個人都應該有一個簡單又有效的方式，去認可自己所愛的人。

主題

人們收到花，得到認可時，會煥發新生。

圖表2-3　珍妮花坊

爲了達成使命，你和團隊需要發展出什麼特質？你是否需要變成更快、更關心客戶、更好的程式設計師？

在定義你和團隊需要發展出的關鍵特質時，記得要兼具期許和指導性。

我所謂的「期許」，是指這些關鍵特質不必是你們目前已經體現的特質，可以是需要改進及改變的。至於「指導性」的意思是指，人們一聽到就知道該怎麼做。「積極的態度」就是有指導性的，比方說，員工自律地撥打銷售電話或立刻上前迎接進門的客戶。如果你的關鍵特質過於模糊，團隊成員就不知道該如何根據它來行動，也沒有動力改變。

如果你的使命是要爲本地流浪狗找一個家，那團隊成員的一個關鍵特質，應該就是要喜歡和狗相處。如果你的使命是開發讓理財變容易的軟體，那團隊成員的一個關鍵特質，應該是要熟悉優質的軟體介面。

我們曾合作的一家快餐店，以正向能量的氣氛而聞名。每天店門一開，就要迎接一長串已經排了好幾小時等著吃他們家炸雞的客人。儘管大受歡迎，但他們面臨的挑戰是，要在如此巨大的壓力下仍保持正向的態度。

因此，他們將其中一個關鍵特質，定義為**「在壓力下仍保有玩心」**。

這個關鍵特質棒極了，因為它符合我們的兩個要求：

①**期許：**它幫助團隊知道，為了達成使命，他們需要變成什麼樣的人。

②**指導性：**它告訴團隊，當壓力升高時，他們需要的是什麼樣的人。

每當廚房忙不過來、某項食材用光，或是一輛載滿觀光客的遊覽車在門口停下，這家餐廳的人該如何反應？他們的反應必須是在壓力下仍保有玩心。

你能想像，光是將一項關鍵特質定義為**在壓力下仍保有玩心**，就能翻轉多少負面情緒和糾紛嗎？

當你定義出團隊需要發展出的關鍵特質，就是在定義什麼樣的人可以為你工作。舉例來說，如果這家快餐店裡有人在壓力下無法保持玩心，那他們就不適合。

定義關鍵特質能幫助你認清，該雇用哪些人，又該送走哪些人。如果你沒能定義出達成使命所需要的關鍵特質，很可能就會找錯團隊成員。

爲了達成使命，哪些特質對你和團隊成員來說很重要？你和夥伴必須成爲什麼樣的人？

★本日極簡商業課摘要

指導原則的第二部分是，定義出為了達成目標，你和團隊必須發展出的關鍵特質。

第13天 如何領導

決定關鍵行動

定義出三項重複性的關鍵行動，組織中的每一個人都能採行這些行動來達成使命。

大多數指導原則遭遺忘，是因爲沒有讓人有動力行動。可是除非故事裡的角色實際**做出**一些事，不然使命永遠不可能完成。

在指導原則中納入關鍵行動，能讓你和團隊動起來，請見【圖表2-4】。

在定義出使命宣言和關鍵特質之後，我們必須進一步推動故事發展，所以要定義出爲了實現使命，團隊每天都需要採行的關鍵行動。

當然，每位團隊成員都會有各自的行動清單，但藉由定義出三項每個人都

使命宣言

我們提供休士頓地區最好的花，為人們帶來喜悅，因為收到所愛的人送的花時，會讓人煥發新生。

關鍵特質

1.**正向**：我們相信花能讓每個人的日子亮起來。
2.**創意**：我們創造休士頓地區最美麗的花藝。
3.**投入**：我們全心投入工作，因為人們的喜悅有賴我們的工作。

關鍵行動

1.**我們微笑**：我們的態度陽光積極，因為花就是要為人們帶來喜悅。
2.**我們學習**：我們不斷學習關於花的事，以及如何做出更美的花藝。
3.**我們清理**：我們一天三次清理賣場。

你的故事話術

在珍妮花坊，我們認為有許多人平日並沒有受到他人認可。不受人認可會使人難過，甚至失去希望。
當人們收到花時，就會煥發新生，因為覺得有人記得他們。簡單的一束花，就能提醒一個人，他是多麼受到重視，因而連續數日都精神振奮。
我們提供休士頓地區最好的花，因為每個人都應該有一個簡單又有效的方式，去認可自己所愛的人。

主題

人們收到花，得到認可時，會煥發新生。

圖表2-4　珍妮花坊

能採取的關鍵行動，你能創造出一種特別的齊心感。

不僅如此，透過定義出團隊成員每個人都能採取的三項關鍵行動，還能蓄積能力，並將能量集中在達成使命。

舉例來說，如果團隊的一項關鍵行動是「每天早上開門前舉行十五分鐘站立會議」，我們就會早到，而且開門時，每個人都很清楚當天的優先事項。

什麼行動是你的團隊（或部門）中，每一位成員都能採行，且能轉化爲更高的生產力、更多的營收、更高的客戶滿意度，或是更好的活動產出比率（activity-to-output ratio）？

你爲自己和組織定義的關鍵行動，必須能打造出一種可以提升淨利的生活方式。

就我個人的指導原則來說，我的重複性關鍵行動是：早起、寫作、說「您先請」。

這些聽起來也許有點奇怪，不過因爲要早起，我前一天晚上一定會早睡，進而提高運動的機率，並寫出更多文章（因爲我在早上寫作），也能在早上擁有一些安靜時間。如果我每天都寫作，就能確保自己的事業和公司都持續成長。如果我在待人接物時說「您先請」，就能爲他人著想，不會成爲一個討厭的傢伙。

透過這三項關鍵行動建立的生活習慣，只要每日持之以恆，就能帶來成功。順帶一提，我建議最好不要超過三項。一旦超過三項，人通常會忘記，結果一項也不會做。

哪些重複性的關鍵行動，可以讓你和夥伴邁向成功呢？

你和團隊每天都能採取什麼小行動來推動使命？這些是否簡單且易於執行？是重複性的嗎？對使命眞的有助益嗎？

★本日極簡商業課摘要

定義三項你和團隊每天都能採取的關鍵行動，它們能確保成功並有助達成使命。

第14天 如何領導

說一個好故事

知道如何透過說故事，吸引人來參與你的使命。

說出你公司或專案的故事很重要，因爲說故事能引來資源。說出故事時，別人會決定是否要向你買東西或投資，甚至是將你所做的事廣爲宣傳。

不過大多數人和公司，都不知道如何說故事。他們通常會誤說成自家的歷史，還附上重點符號和無趣的旁白。

但你的歷史並不是你的故事，這兩者是不一樣的。你的故事是要解釋自己所做的事，要能吸引別人參與其中。至於你的歷史，不過是一堆曾經發生過的事而已。

指導原則的第四個層面是「故事話術」（Story Pitch），請見【圖表2-5】。你之所以需要故事話術是因為它能讓你和團隊中的每個人，以一種別人會記住且希望參與的方式，去講述你事業的故事。

可以將客戶和利益關係人拉進自家公司故事當中的領導者，一定會被拔擢並賦予更多重任。

可以將客戶拉進故事當中的銷售專業人才，能為公司帶來更多營收。

可以將客戶拉進自家公司所講述的故事當中的客服專員，能為品牌創造更多死忠的支持者。

然而，大多數公司說的故事都很無趣。事實上，很少人會關心一家公司是如何草創，或是始終維持「良好工作場所」的高標準。一個好的故事會濾去所有雜音，只留下聽眾會感興趣的精華。一個有能力的專業人才知道如何說故事，尤其是關於使命的故事。

最簡單的故事結構形式就是：故事講述一個人物遭遇變故，之後為了重新穩定自己的生活，克服一連串挑戰。

使命宣言	關鍵特質	關鍵行動
我們提供休士頓地區最好的花，為人們帶來喜悅，因為收到所愛的人送的花時，會讓人煥發新生。	1.**正向**：我們相信花能讓每個人的日子亮起來。 2.**創意**：我們創造休士頓地區最美麗的花藝。 3.**投入**：我們全心投入工作，因為人們的喜悅有賴我們的工作。	1.**我們微笑**：我們的態度陽光積極，因為花就是要為人們帶來喜悅。 2.**我們學習**：我們不斷學習關於花的事，以及如何做出更美的花藝。 3.**我們清理**：我們一天三次清理賣場。

你的故事話術

在珍妮花坊，我們認為有許多人平日並沒有受到他人認可。不受人認可會使人難過，甚至失去希望。
當人們收到花時，就會煥發新生，因為覺得有人記得他們。簡單的一束花，就能提醒一個人，他是多麼受到重視，因而連續數日都精神振奮。
我們提供休士頓地區最好的花，因為每個人都應該有一個簡單又有效的方式，去認可自己所愛的人。

主題

人們收到花，得到認可時，會煥發新生。

圖表2-5　珍妮花坊

這就是《星際大戰》《羅密歐與茱麗葉》《老闆有麻煩》、復仇者聯盟系列電影，以及任何你想得到的浪漫喜劇的故事情節。說故事的人爲什麼要用這套公式？因爲這是世界上最有力的工具，能牢牢吸引觀眾的注意力。

可惜，你的歷史不一定能分解成這套公式，所以講述歷史（而不是故事），通常只會讓聽眾感到無趣，等於拱手把客戶讓給競爭對手。

所以，如果我們想說自己的故事、企業（或工作部門）的故事，就可以借用這套已經被沿用數千年的公式。

在說你的故事時，請這麼做：

①先從你或公司幫助人克服的問題開始。
②將問題呈現得更嚴重。
③將你、公司或產品，定位爲這個問題的解決方案。
④描述別人使用你的產品解決這個問題，帶來了美滿的結局。

這個簡單的公式，一次又一次證明確實能吸引聽眾。當你用這套故事公式濾去關於公司的「事實資訊」後，剩下的就是精華。

舉例來說，假設你開了一間寵物旅館。你也許會這樣說故事：

大多數人都討厭在旅行時將寵物寄放在寵物旅館。想到寶貝狗關在籠子裡，眼神可憐兮兮地巴望與等待主人回來，他們會覺得內疚。

在毛爪爪天堂，我們每天至少與您的寶貝玩耍八小時，讓牠們在您旅行時有許多開心的事可做。牠們每晚都會玩得筋疲力盡後入睡，還會夢到白天所有好玩的事。

將心愛的寵物交給我們時，您知道自己的寶貝會安全又快樂，也會感覺自己是超棒的主人！

看出公式了嗎？首先是問題，接著讓問題更嚴重，再將產品定位爲問題的解決方案，最後描述問題解決後更開心的生活。

這樣的故事能吸引客戶、投資人和更多人。這樣的故事可以透過銷售人員傳達，也可以是影片旁白、用小字印在名片背後、放在網站和廣告信件中，甚至可以做爲執行長演說時的開場或結尾。

如果你希望公司裡的人都善於說故事，那就要學會可以吸引顧客的故事。

全球知名的社群媒體公司先前曾經請我們幫忙，想讓他們規模龐大的銷售人員都可以變成出色的說故事人。當時我們傳授的公式，就和你在上述學到的差不多。

說故事並不難，只需要一點知識，然後是保持口徑一致的紀律。

你知道如何爲自己的產品或企業說故事嗎？

你的公司能解決什麼問題？這個問題讓人感覺如何？你的產品定位如何解決這個問題？一旦問題解決後，人們的生活會變得如何？

按照順序回答以上問題，你就能爲自己、企業、部門或產品，說出一個好故事，吸引別人想來參與。

別再講歷史了，開始說故事吧。

一個有本事的價值驅動型專業人才，知道如何說有趣的故事。寫下你企業的故事做爲故事話術，並納入你的指導原則當中。此外，別忘了讓每位團隊成員都知道如何講述組織的故事，這樣才能讓口碑傳開，營收隨之上漲！

★本日極簡商業課摘要

運用我們的故事公式說出你的故事，你的使命就能吸引更多人參與。

第15天 如何領導

定義你的主題和「爲什麼」

定義使命的主題，讓自己和夥伴們知道，為什麼你們所做的事很重要。

指導原則的最後一部分是你的主題。你可以從【圖表2-6】中看出，主題是整個使命的基礎。主題就是你或組織**爲什麼**會有這樣的使命。

沒人會想爲一個無關緊要的使命去付出。那麼，要如何說服別人相信，我們的使命很重要呢？那就是透過定義主題。

數百年來，劇作家、小說家，以及現代的編劇，都爲他們的故事定義了主題。一個說故事的人會先定下主題，這樣寫故事時才能把握住主軸。

如果一段對話或一幕場景不符合主題，他們就會捨去。

使命宣言

我們提供休士頓地區最好的花，為人們帶來喜悅，因為收到所愛的人送的花時，會讓人煥發新生。

關鍵特質

1. **正向**：我們相信花能讓每個人的日子亮起來。
2. **創意**：我們創造休士頓地區最美麗的花藝。
3. **投入**：我們全心投入工作，因為人們的喜悅有賴我們的工作。

關鍵行動

1. **我們微笑**：我們的態度陽光積極，因為花就是要為人們帶來喜悅。
2. **我們學習**：我們不斷學習關於花的事，以及如何做出更美的花藝。
3. **我們清理**：我們一天三次清理賣場。

你的故事話術

在珍妮花坊，我們認為有許多人平日並沒有受到他人認可。不受人認可會使人難過，甚至失去希望。

當人們收到花時，就會煥發新生，因為覺得有人記得他們。簡單的一束花，就能提醒一個人，他是多麼受到重視，因而連續數日都精神振奮。

我們提供休士頓地區最好的花，因為每個人都應該有一個簡單又有效的方式，去認可自己所愛的人。

主題

人們收到花，得到認可時，會煥發新生。

圖表2-6　珍妮花坊

比方說，《辛德勒的名單》的主題是，每個人都很可貴，應該都要救。所以編劇在寫劇本時，就要以這個主旨來篩選每一幕。

當作家定下主題後，他們的故事會更有意義與清晰。

如果我們希望自己的使命有意義又清晰，就必須有主題。

對企業而言（與說故事的人一樣，企業是要邀請閱聽眾進入故事裡），什麼都能當主題，從「換新屋頂不需要花大錢」，到「每個家庭都值得擁有永生難忘的假期」。

當定義出主題後，你和所有人都會知道，爲什麼你的使命很重要。

《極簡商業課》的使命，是要打破目前的教育模式，提供可輕鬆修讀的商業課程，讓每個人都能在工作中成功。所以，我們的主題是什麼呢？那就是「每個人都值得擁有能改變人生的商業教育」。

一個有助於定義出主題的小祕訣，就是在你的使命宣言後面加上「因爲」，然後把句子說完。我們打造出可輕鬆修讀的商業課程，因爲「每個人都值得擁有能改變人生的商業教育」。

如果你問自己：爲什麼你應該早起去工作？你的使命宣言主題應該就是答案。就我個人來說，我起床工作，是因爲「每個人都值得擁有能改變人生的商業教育」。

同樣的，知道主題之所以重要，還在於它是回答「爲什麼」的關鍵金句。爲什麼投資人該投資你？爲什麼人才該來爲你工作？爲什麼客戶應該向朋友推薦你的產品？定義出你的主題，這些問題都會有明確的答案。

定義出主題後，把它漆在公司休息室的牆面上、放在官網上、做成徵才攤位上的橫幅，確保組織裡的每個人都牢記在心。你的主題就是自己的目的，人需要有目的，才能熱情地投入工作中。

爲什麼**你的**使命很重要？爲什麼你的使命值得犧牲或投資？爲什麼其他人應該爲你的使命效力？爲什麼客戶該選你的品牌而非他牌？

定義自己的主題，你就會知道爲什麼。

★

本日極簡商業課摘要

定義出自己事業的主題，這樣你、你的團隊和客戶就會知道，為什麼你的工作很重要。

價值驅動型專業人才

*精熟每一核心能力，提升個人可獲利價值

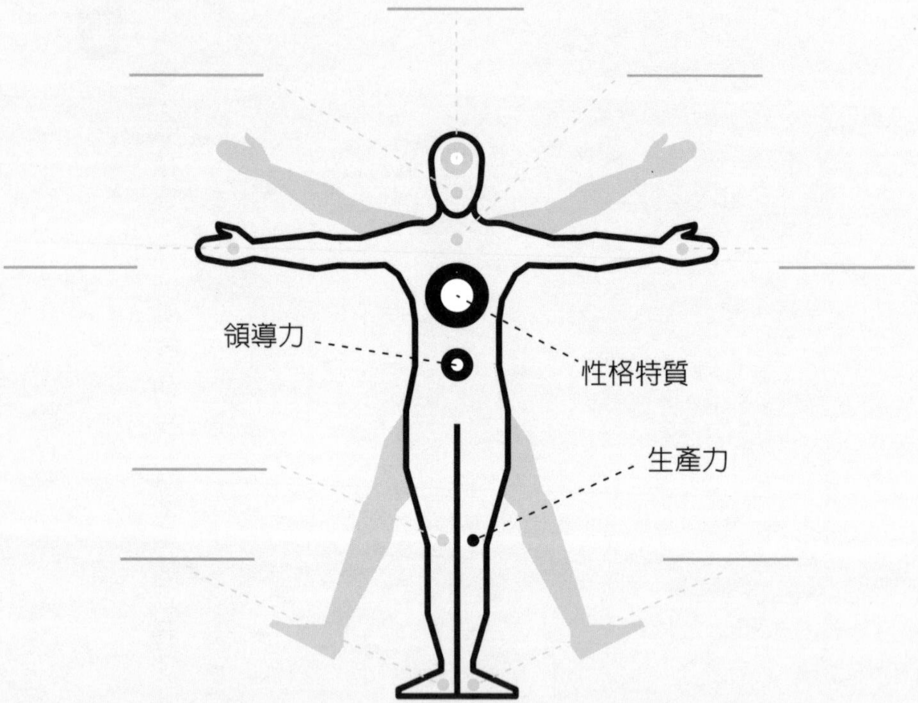

第三章

生產力至簡

提高輸出又不會增加焦慮的日常作息

現在我們已經學到了價值驅動型專業人才的性格特質、企業運作的方式，以及如何讓團隊齊心齊力，現在我們要來學習如何管理自己與時間，這樣才能事半功倍，也不會承受過多的壓力和焦慮。

許多專業人士都很勤奮，成效卻不彰。他們忙亂的活動只是讓自己原地打轉。這是有原因的，那就是他們的生活缺乏重心。

以我多年來研究故事的心得發現，當一個人活得像肩負使命的英雄時，他的生命是最富意義的。如果我們是肩負使命的英雄，就沒有瞎忙的餘地。我們知道自己要什麼、障礙是什麼，以及我們必須完成什麼事才能解決世界上的某個問題。

肩負使命的英雄活得有目的、有意圖。他們不會浪費時間，因爲他們的時間寶貴。肩負使命的英雄知道如何管理時間，所以不會感到焦慮，而是專注與積極，一心去做重要的事。

想要完成更多對的事，關鍵之一就是：要知道這些事是什麼，然後還要明白報酬最高的機會是哪些，並把它們列爲優先要務。

價值驅動型專業人才是肩負使命的英雄。他們知道自己該做什麼，而且心無旁鶩。

所以我們設計出「使命英雄計畫表」，因爲你已經購買本書，所以可以在HeroOnaMission.com免費獲取。這個計畫表會帶領你完成早晨儀式，有助於整理思緒並爲當日做計畫。你再也不必渾渾噩噩地醒來。

接下來五天，我會帶你了解計畫表的每個部分。

我們的大腦對於該怎麼運用時間，其實不喜歡覺得茫然。但是，不要覺得茫然，需要紀律和專注。

如果我們沒有設定優先順序並建立健康作息，那麼電視、新聞、食物、酒和壞朋友，很快就會占據我們的時間。有許多人藉由讓我們分心，賺進大把鈔票，但這樣的分心對人毫無益處。

要成爲一個有生產力的人，我們就要給自己一個使命，然後安排時間和優先順序來達成使命。

要管理自己的優先順序和時間，我們需要一個框架。

如果你想成爲價值驅動型專業人才，那就學一套能提高輸出卻不會增加焦慮的日常作息。這是必勝的組合，而且並不難學。

再次提醒，本週我會帶領你完成一張使命英雄每日計畫表，表格可以在HeroOnaMission.com 免費獲取。你想印出多少張都可以，然後打洞裝訂起來，就是可以一直加頁的計畫表，能用上數十年。閱讀本週的每日短文，學習如何填寫計畫表，將它當成早晨儀式。

第16天 如何提高生產力

做出明智的日常決策

高生產力的專業人才以反思展開一天。

每天早上我都會問自己一個簡單的問題。這個問題確保我不會讓這一天白白度過，我也會更靠近目標。

這個問題就是：如果這一天能重來，我會改變哪些做法？請見【圖表3-1】。

這個問題乍聽之下很瘋狂。我們不可能讓每天都重來一遍。我們的每一天都只有這麼一次機會。

但是這個問題出自《活出意義來》的作者維克多・弗蘭克醫師，它的意義

如果這一天能重來，我會改變哪些做法？

- ______________________
- ______________________
- ______________________
- ______________________
- ______________________
- ______________________

※資料來源：「使命英雄每日計畫表」，可於 HeroOnaMission.com 取得。

圖表3-1

深遠。弗蘭克博士是維也納的心理醫師，他協助病患的方式，就是引導他們在生活中找到更深層的個人意義。

爲了協助病患活得更明智與審慎，他請病患活得像是將每一天重活一遍。第一次做錯的地方，重活時會記取教訓，修正過來。

也就是，弗蘭克說：「假裝這是你第二次過這一天，別犯同樣的錯誤。」

這種短暫的停頓有助我們仔細思索生活。如果這一天能重來，可以吸取第一次的經驗，你會改變哪些做法？你會更體貼另一半嗎？你會花一點時間在後院的吊床上看書嗎？你會去運動嗎？

將弗蘭克的問題換個說法就是：當一天過去之後，你會後悔做了與沒做什麼事？

然後，我們就要以不會後悔的方式生活。

很少人會在行動之前反思。大多數人都是不假思索地過日子，也太習慣被需要他們因應的事物干擾，造成無法眞正掌控自己的生活。

我見過的高影響力人物，不寫日記或不以某種方式省思的，可說是少之又少。透過省思，我們得以修正行動，設計生活。不省思的人既不修正也不設計——他們只是反應。可悲的是，他們的生活還是被設計的——被那些並不關心他們最佳利益的外力所設計。大多數人的生命故事，是任憑朋友、家人、企業廣告或有企圖的政客擺布。該是取回自身故事主控權的時候了。

有沒有一個簡單的問題，能讓你在每天晨起之際暫停並反思？你的人生是自己設計，還是任由他人爲你設計？

★

本日極簡商業課摘要

建立反思習慣，每天早上問自己這個問題：如果這一天能重來，我會改變哪些做法？

第17天 如何提高生產力

優先安排首要任務

價值驅動型專業人才知道，如何優先安排報酬最高的機會。

你今天能做的事當中，最重要的是什麼？

如果每天早晨都能回答出這個問題，那你肯定是專業人才中的精英。

大多數專業人士甚至從沒問過自己這個問題，因爲他們以爲響起的電話、生氣的客戶、緊急訊息和被忽略的郵件就是答案。不過，眞的是嗎？

事實上，並非每一件工作得到的報酬都一樣。你耗掉很多能量一圈又一圈地跑步，但用同樣的能量來安排重要演說，獲得的價值比較高。你消耗的能量也許一樣，但投資報酬率卻天差地別。

價值驅動型專業人才知道該把得來不易的能量投資到哪裡，也明白哪些工作該避免或委託給別人。因爲他們很清楚這些事，所以不會對工作感到焦慮。他們是優秀、冷靜的時間與精力管理者。

價值驅動型專業人才知道如何運用時間。

要專注最高報酬機會的祕訣就是：每天列出兩套任務清單，請見【圖表3-2】與【圖表3-3】。其中一套任務清單只能列三件事。這三件事是有助重要目標達成的關鍵任務。不管發生什麼事，都要優先完成這三件事。

另一套清單則是當天需要完成的瑣事。包含的任務像是回覆郵件、拿回送洗的衣物等等。

之所以要列出兩套清單，是因爲人的大腦不會分辨什麼是非常重要的事，什麼又是之後找時間做就可以的事。價值驅動型專業人才能清楚分辨首要及次級任務。

拿送洗衣物的重要性，絕對比不上準備要在員工活動上做的重要簡報。

舉例來說，我的優先任務通常是某種形式的創作。我每天都會爲了一本

首要任務一

時：　分：

休息／獎勵：

首要任務二

時：　分：

休息／獎勵：

首要任務三

時：　分：

休息／獎勵：

圖表3-2

書、課程或簡報創作。只有在完成寫作時段後，我才會開始回覆電話和開會。每天早上我都會寫下三項需要創作的內容，再寫下其他爭奪我注意力的次級事項，然後我會先從三件重要事項著手。

區分出三件要事，讓我得以快速建立起一家成功的公司。要是我把所有任務都混在一起，就不可能這麼快辦到。

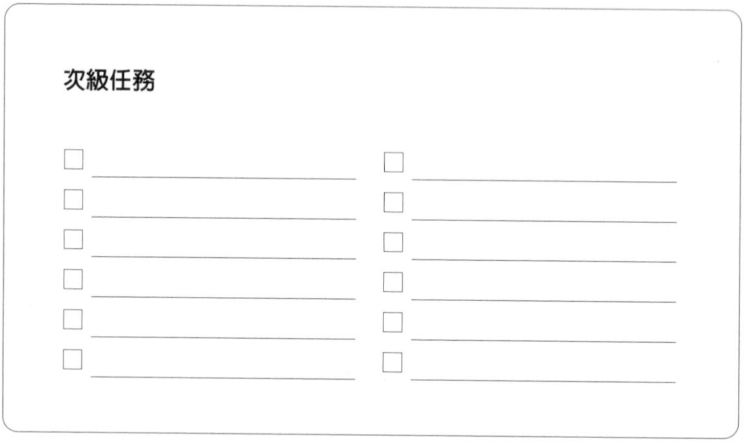

圖表3-3

之所以只列出三件優先事項，是因爲再多幾件，就會讓人覺得負荷過重，很可能還沒開始就先放棄了。我的優先事項大多是其他大型專案的一小部分。比方說，如果我要寫一本書，可能要花一年才能寫完，所以我得把每天寫一點當成優先事項。

在進行短期內難以完成的超大型專案時，我們格外容易被近程的戰果誘惑。比起寫出一本書的十個段落，我寧願回覆十封郵件，因爲每回一封信，我就能獲得成就感，但十個段落對一本書來說感覺實在微不足道。

但別被這種假象愚弄了。只有一

步步地向遠大的目標邁進，才有可能完成重要目標。

請小心：許多任務看似重要，實則不然。你也許會被交付一些感覺很緊急的事情，但事實是，處理這件事是別人的工作。可能有人會強迫你去開會，但事實是，這個會議並不是你的優先要務。

我稱這些誘惑爲「緊急干擾」，因爲它們感覺很緊急，但其實只是干擾。

我們每天都要知道三件最高報酬的機會是什麼，不然低報酬的機會就會趁虛而入。

那麼，怎樣知道什麼是你最高報酬的機會呢？要知道最高報酬的機會是哪些，就要從我們的整體目標反推。任何能讓我們更靠近目標的工作，就是高報酬機會，反之則否。價值驅動型專業人才可以分辨兩者的不同。

既然安排任務相當於一項良好的可獲利投資，那麼你該做的最重要的事是什麼？你該做什麼，才能讓公司得到最高的可獲利報酬？將這些任務列爲優先事項，日復一日，你就能更接近目標，不會落入「緊急干擾」的陷阱。

★

本日極簡商業課摘要

每天列出兩套任務清單。先列出三項最高報酬的機會，再另外列出重要性較低的任務。

第18天 如何提高生產力

最大化你的「高效時間」

價值驅動型專業人才知道，把重要的事優先安排在早上。

每個人大腦運作的方式都不太一樣，但對大多數人，尤其是對二十五歲以上的人來說，早上是工作效率最高的時候。

大腦就像手機電池。更具體地說，大腦每天要消耗六百到八百大卡的熱量，用來處理生存所必需的資訊。在睡眠時，大腦會重新充電，準備迎接新的一天。

所以早晨時的大腦能量，通常會比吃完午餐後來得充沛與警醒。

在開始處理最緊迫的專案之前，如果你是先接聽電話或回覆郵件，那就是

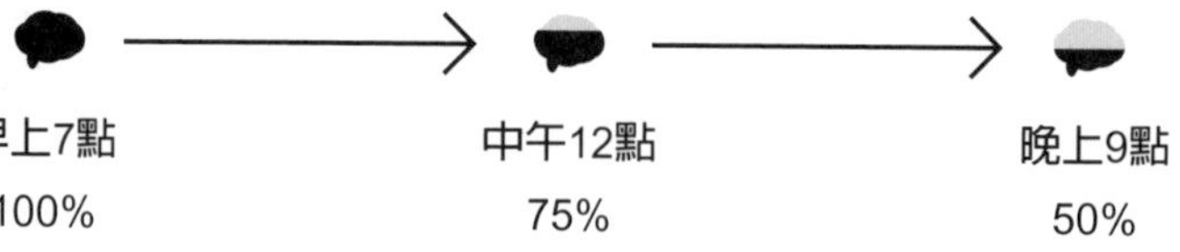

圖表3-4

把珍貴的大腦能量給了低報酬的機會，浪費一天中最寶貴的時光。等你之後終於「有時間」處理重要事務，大腦已經累了，就無法發揮最佳表現。請見【圖表3-4】。

不僅如此，如果你把早晨時光保留給重要專案，接下來一整天你都能安心，因爲當天重要的事都已經完成了。

大多數價值驅動型專業人才都在早上完成重要工作。

如果會議會耗盡你的能量，那就安排在下午。如果處理發票是你最重要的任務，那就在一天的前兩個小時內處理，之後再查看郵件。如果擬定商業策略是你的首要任務，那就在一天的第一個小時內琢磨策略，之後再開始接聽電話。

「把重要的事優先安排在早上」，這個想法聽起來沒什麼，但許多價值驅動型專業人才發現，光是採取這個方法就能擁有一項神祕的超能力。在其他同事踏入辦公室後立刻落入干擾陷阱的同時，價值驅動型專業人才已經用兩小時處理最重要的任務。這樣的紀律和能力，一定可以贏得客戶和同事的信任，也能讓他們得到更多的敬重、更多的金錢，以及更愉悅的職涯。

★ 本日極簡商業課摘要

在頭腦最清醒的早晨，優先處理高報酬的機會。

第19天　如何提高生產力

對干擾說「不」

價值驅動型專業人才知道，如何對干擾說「不」，這樣對優先事項才有餘力接招。

對於帶動公司成長，我學到最有用的一課，來自我的作家生涯。這一課給的建議就是：一個高明的溝通者，知道什麼事應該省略。

有點違背直覺，對吧？你會以爲，一個高明的溝通者應該知道要說什麼。他們當然知道，但比較困難的部分在於，話說對了，接下來他們還得控制自己別再多說。

如果你要寫一本書的主題是英雄拆除炸彈，就不能在當中加入其他有趣的場景，像是英雄也想去跑馬拉松、想迎娶心上人，也在考慮養隻貓。要是你把這些全都納入，劇情就會亂七八糟，完全走樣了。一個好的故事不能包山包海，否則聽眾只會一頭霧水，失去興趣。

順帶一提，這也是大多數人對自己生活的感覺。他們覺得自己迷失方向。爲什麼？因爲他們的生活缺乏重心。他們對太多事情都來者不拒，結果就搞不清楚自己故事的主軸了。當中有很多人對自己的生活失去了興趣，甚至對生命本身興趣缺缺。然而，肩負使命的英雄卻活得有重心。

在一個好的故事裡，作者會讓劇情緊扣住一個預定的目標。團隊必須贏得冠軍、女主角必須得到升遷、律師必須打贏官司。雖然其他點子也很吸引人，但一個好作家會說「不」。

當然，在實際生活中沒那麼簡單。身爲母親、父親、女兒、兒子、朋友、經理、教練和領導者，我們的確得兼顧許多劇情支線。比方說，有朋友想聚一聚、有些機會雖然不符合自己的目標，卻十分吸引人。

但如果我們對太多事來者不拒，等於拒絕了深度的專注力，而這種專注力正是做好少數幾件事所需要的。

我在生涯的早期，是透過公開演講來賺錢。每次我飛往一個地方演講，就能獲得不錯的收入。但我不久就發現，演講的時間越多，能寫作的時間就越少。要是不能每隔兩年就出版一本書，別人在挑選講者時就不會再想到我。

爲了能在家寫出更多的書，我必須做出有助於計畫成功的決定：婉拒演講帶來的豐厚報酬。這個決定令人害怕，但我就是這麼做了。不到兩年，我又寫出一本暢銷書，得以收取原來四倍的演講報酬。結果是我花更多時間待在家寫作，更少時間上台，但收入更高。

事實證明，我並非特例。史蒂芬．金根本不演講，這是他能寫出這麼多書的主要原因。史蒂芬．金賣出了數千萬本書，他大可將行程排滿報酬豐厚的會議和演講，但他沒有。每天早上他都會坐到書桌前，打開電腦，寫出規定的每日字數。因爲這樣的紀律，以及數千次對絕佳的機會說「不」，數百萬讀者才能讀到並熱愛他的著作。

很少有人意識到，史蒂芬．金成功的關鍵之一在於：他的自律——爲了完成自己的優先要務，拒絕讓自己分心的機會。

如果我們不知道自己的優先要務是什麼，就會對任何事都來者不拒，讓自己的故事離譜走樣，讓生活和工作失去意義。

你要對什麼說「不」，才能對有重心、有意義的生活接招呢？

★本日極簡商業課摘要

對干擾說「不」，這樣對優先任務才有餘裕接招。

第20天 如何提高生產力

鎖定時間，事半功倍

價值驅動型專業人才知道，如何鎖定時間。

比爾．蓋茲開會從不遲到。有人問他爲什麼，他說：「因爲時間是我唯一無法買到更多的有限資源。」

「時間就是金錢」這句老話，並不全然正確。時間比金錢寶貴多了，事實上，時間就是生命。我們如何運用時間，決定了生活的品質。

可惜的是，大多數人並沒有妥善思考該如何管理時間。這不代表他們的時間沒有被管理。當然有。管理他們時間的是電視、學校行事曆、人際關係、廣告和工作。

我們永遠不會讓別人管理自己錢包裡的錢，那爲什麼要讓別人管理我們的時間呢？況且，時間還遠比金錢更寶貴。

價值驅動型專業人才知道，時間是他們最貴重的資產，所以會妥善管理時間，使時間投資獲得最高報酬。而且因爲人生不是只有工作，所以價值驅動型專業人才知道該如何鎖定時間，事半功倍，這樣才能把更多寶貴的時間用來與家人朋友相伴，以及享受其他嗜好。

所以，我們該如何管理時間？

我認爲時間就像高速公路上的多線道，有些線道確實能開得較快。在大多情況下，如果我們可以一路走內線，就能開得更快。外線每隔一段路就有交流道，會導致車子必須放慢速度。

鎖定時段讓自己不能分心，就相當於移至內線，踩下油門。

在早晨的反思儀式及優先處理要事之後，接下來請鎖定一天剩下的時間，請見【圖表3-5】。在一小時、兩小時或三小時的時段中，你可以完成許多事。相反的，一心多用只會讓各種干擾支配你的注意力，反而降低生產力。

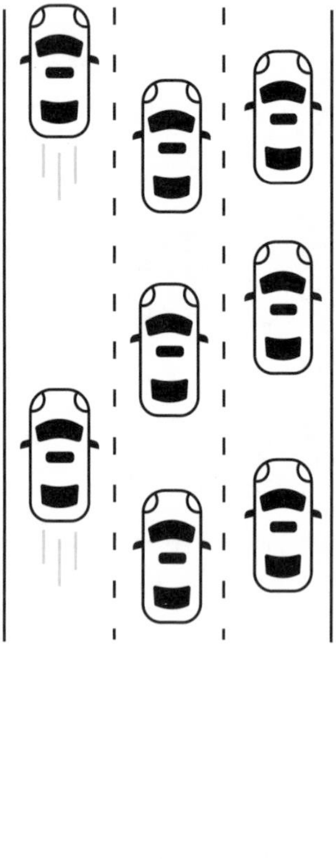

你的事業基礎在於提高每項活動的產出。比起未能妥善運用時間的專業人才，價值驅動型專業人才可以在同樣時間內完成雙倍工作。

高績效專業人才會事先鎖定一週內的時間。就我而言，週一整天、週二早上和週三早上都預留給寫作，週二和週三下午保留給會議，週四和週五半天，則撥給錄podcast和影片。事先鎖定時間，讓我能拒絕干擾，畢竟我已經有約了。在一天開始前，我已經預先知道要去哪裡、要做好什麼事。

重點是創造一種生產力的節奏。一旦你清楚高報酬機會是哪些，就可以把一週分成不同區塊，集中完成這些事。

有什麼重要任務是你每週都必須做的？試著把這些任務集中在事先預定好的時段裡。此外，記得鎖定個人時間，才不會不小心把會議時間安排在保留給家人與朋友的時段裡。鎖定時間才能事半功倍，把時間交託給命運，等於是白白浪費。

★本日極簡商業課摘要

價值驅動型專業人才知道如何鎖定時間，創造出生產力節奏。

預定事項

7 : 30	著手新的寫作計畫
:	
:	
:	
:	
:	

圖表3-5

價值驅動型專業人才

*精熟每一核心能力，提升個人可獲利價值

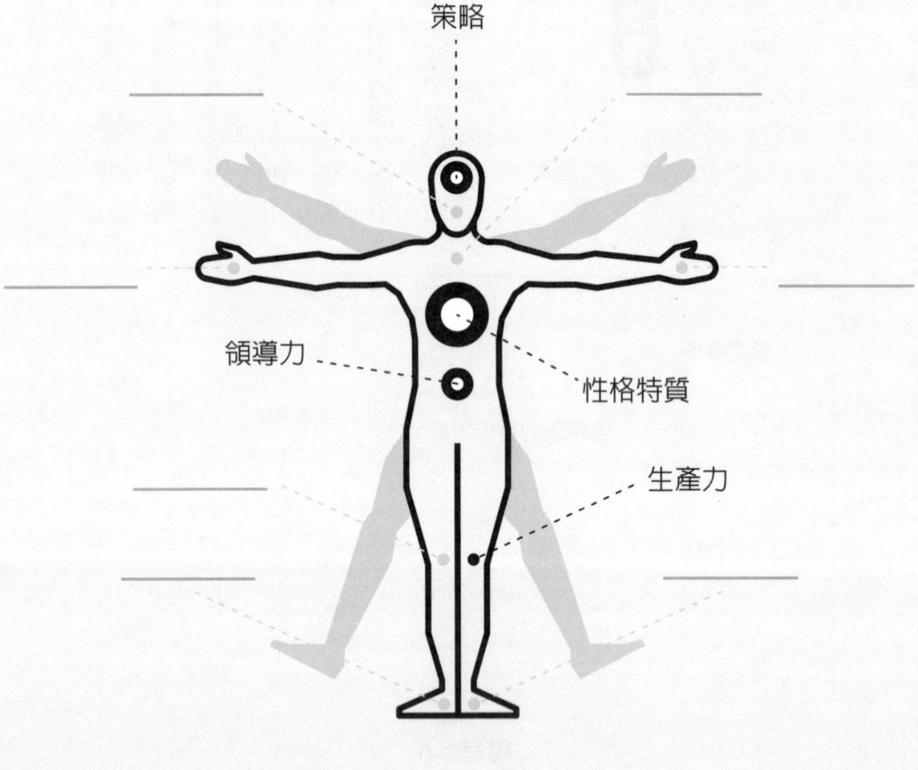

第四章

經營至簡

企業如何運行與避免破產

現在我們已經知道了價值驅動型專業人才的性格特質、打造願景的要素，以及如何成爲更具生產力的專業人才。現在我要介紹一種看待企業的觀點，這通常只有最高層的經理人才會懂。

不論是否領導一個團隊，如果你能展現出對企業基本運作法則的了解，身爲專業人才的個人價值絕對會提升。令人意外的是，許多入行多年的專業人士以爲自己很清楚企業的運作，但其實不然。他們沒有把企業看成爲付錢的客戶解決問題的營利實體，反而認爲它是一個社群——也就是，客戶付錢給他們，是爲了讓他們在辦公室內打造出一個社群。

這種觀點會扼殺企業，而且速度之快。

我當然贊成打造良好的工作社群（不然團隊的士氣會低落），但企業必須在財務上成功，否則社群也將不復存在。此外，如果你不了解企業如何運作，恐怕也難以加薪升職。如果是自己開公司，不了解企業如何運作，只會讓你失去一切。企業是成是敗，就看團隊成員能不能做出可靠與明智的決策。

那麼，企業究竟如何運作？如果你知道這個問題的答案，就能自己創辦、經營、出售或整頓一家企業。弄懂企業如何運作，也能提升你在公開市場上的個人可獲利價值。

當然，每家企業都不同，但都有幾個共同的要素。如果你明白了這些要素，就會知道如何讓企業穩健獲利。

在接下來五天的商業課，我會一步步傳授一套框架，讓你學會企業眞正運作的方式。這套框架的初衷就是：辨識能讓企業成長的決策。

我會以飛機做比喻，介紹企業的各個部位，以及這些部位如何組合在一起，成爲一架可以升空的穩健設備，能飛得又快又遠。

如果你曾在一家公司的小部門任職，想知道自己在整家公司的哪個部位，這套框架會協助你。當你能同時把握整體與細部運作，就能更加了解如何領導自己及部門，甚至還能協助他人打造並維持一家不斷獲利成長的企業。

第21天 如何制定策略

理解企業如何運行

價值驅動型專業人才知道，企業的運作方式就像飛機。

你怎麼知道一家企業會升空還是墜毀？

要回答這個問題，首先你得了解飛行動力學。

以最簡明的用語來說，企業的運作方式就像商用客機。

我會按照這個比喻介紹五大部位，它們組合在一起就能讓飛機升空，請見【圖表4-1】。每個部位都代表企業的一個層面，各部位之間的比例必須適當，否則企業就會墜毀。

一、機身：營運費用

機身當然就是搭載乘客和貨物的區域。這是整架飛機占比最大的部位，但也是飛機的目的所在。飛機之所以存在，是爲了把人們送到要去的地方。這也是企業存在的原因。企業之所以存在，是爲了替客戶解決問題。解決問題之後，企業會收到酬勞，團隊成員則獲得工作

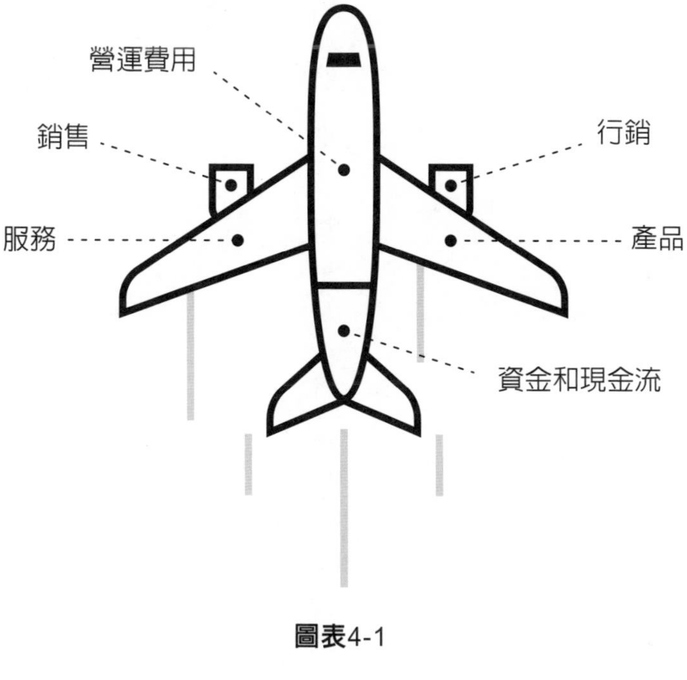

圖表4-1

和醫療保健等等。

機身代表企業的營運費用，包括薪資、醫療福利、租金和辦公用品等等。這些是必要支出，因爲你需要人力和物資來解決客戶的問題，進而換取收入。

二、機翼：產品與服務

機翼使飛機能夠起飛。當引擎將飛機往前推進，氣壓會使機翼浮空，機身當然也就隨之升空。

正是產品和服務能使企業升空。機翼代表你所銷售的一切。請把你銷售的產品視爲讓飛機升空的部位，如果沒有可獲利的產品能賣，空氣（收入）就無法讓飛機升空。

三、右引擎：行銷

引擎推動飛機向前。如果是單引擎飛機，你可能只有行銷預算，但如果是雙引擎飛機，你不但有行銷預算，還有銷售團隊。無論是哪一種，如果沒有引擎去銷售產品，推動飛機前進，機翼就無法產生抬升力。所以你需要某種形式的行銷系統或銷售團隊，推動企業前進並賣出產品。

行銷活動應該列爲優先，甚至先於銷售。原因在於，行銷活動通常較便宜，而且要到行銷活動成形，銷售團隊才可以對市場傳達出清楚的訊息，支撐其銷售活動。

四、左引擎：銷售

雙引擎飛機可以只靠一具引擎飛行是沒錯，但如果兩具引擎同時啓動，飛機就能有更強的推進力，進而創造更大的抬升力，飛機就能飛得更快、更遠，機身可以更加龐大，雇用更多人爲客戶解決更多問題。

你的第二引擎就是銷售。銷售團隊可以爲企業賺進更多錢，讓企業得以成長，擴大規模。

五、燃料：資金和現金流

最後，飛機還需要燃料。不管一架飛機有多省油或輕量，沒有燃料就肯定會墜機。燃料代表現金流。當企業的現金耗盡的時候，還能運行一陣子，但遲早會墜毀，企業中的所有人也都會失去生計。

如果想擴張營運，你可能會借貸或是尋找投資人，但任何企業的目標，最終都是要達到正現金流。目前爲止，擁有足夠的現金來經營企業，都是邁向事業成功最重要的因素。

如何讓企業持續飛行？

如果飛機的各個部位比例失當，飛機就會墜毀。左右引擎必須產生足夠的推進力，才能推動飛機前進。機翼必須夠大，才能產生抬升力。機身必須夠輕，才能被引擎和機翼帶離地面。當然了，飛機還要有足夠的燃料才能持續飛行。

這些原則同樣適用於企業。你必須要有客戶想買又能獲利的產品，行銷力和銷售力要夠強，才能賣出產品。此外，你還必須盡量降低營運費用，才不會拖累整架飛機，也要有足夠的現金支付帳單。

所以，你該如何做出良好的商業決策？永遠記得飛機的比喻。

如果有企業領導者想增加營運費用，卻無法指出這能帶來更多或更好的產品，或更強又有效的銷售活動，那就是在讓飛機變重，卻沒有增加抬升力。這就是一個高風險的決策。飛機的所有部位必須保持適當比例。永遠如此。

如果你想讓員工搬進高價地段的最現代化辦公室，卻沒有客戶爭相搶購的成功產品系列，你就做了一個糟糕的決策。爲什麼？因爲你在機翼沒有變更大或引擎更強力之下，讓機身變重。

如果你繼續做出這種決策，事業就會完蛋。

根據簡單的飛機比喻，有幾件事是明智的企業領導者在帶領公司或部門時，應該謹記在心的：

- **他們抗拒增加營運成本（尤其是經常性成本）：**成本會使機身過重，威脅到全體職員的工作保障。
- **他們每日或每週聽取報告，得知行銷和銷售活動是否有效：**他們確保左右引擎產生的銷售額足以抵銷營運成本。
- **他們確保所創造的產品利潤夠高，足以支應售出所需的營運費用：**他們確保每樣產品都足以支應本身的成本和營運費用，利潤也要夠高，足以保障整個團隊的工作安全。
- **他們不斷提升生產、銷售和行銷的效率：**優秀的企業領導者應該一心追求高效。如同優秀的飛機工程師，企業領導者始終試圖打造更精簡、更快速、更高效的機器。換句話說，他們確保活動產出比率夠高，使資金能發揮更大效益。

當然，企業在擴張過程中會變複雜，但這五大商業部位永遠不變。一旦明白企業如何運作，你就能迅速分析哪些做法有用與沒用，並監控企業的健康。

接下來五天，會進一步細看飛機的每一部位，學習如何把企業經營得更好。等你確實理解企業如何運作，就能做出絕佳決策，讓企業或任職的部門更強大、更高效。

★本日極簡商業課摘要

了解穩健企業的五大部位，讓你永不墜機。

第22天 如何制定策略

降低營運費用

機身：讓營運費用的負擔盡量輕。

一家企業會失敗，只有一個原因：營運費用過高，銷售額根本無法抵補。換句話說，飛機的引擎太弱，機翼又太小，無法提供足夠的抬升力給過於龐大的機身。請見【圖表4-2】。

盡量降低營運費用這項原則，好像不必說也知道。但很可惜的是，這項基本原則經常在日復一日的營運中被遺忘。

在核定新會計年度的計畫時，領導者可能批准了一項昂貴的考察行程或獎勵制度，或者新品上市不利後加倍挹注資金——突然之間，現金流降為零。

現金流似乎總是突然降爲零。事前似乎總是沒人預料到。

像這樣的失敗是可以理解的。我們都忙於開發產品，或是想像自己的行銷策略很棒，結果不知不覺，營運費用就悄悄增加了。

什麼是營運費用？

營運費用有許多定義，但最簡單的是我多年來用的這一個：營運費用是指與產品開發、行銷和銷售無關的企業經營成本。

換句話說，營運費用包括一切未積極爲企業前進創造推力，或爲機翼製造抬升力的成本。

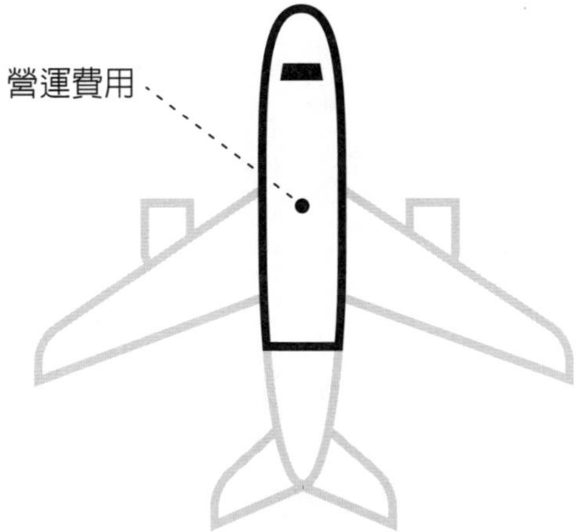

圖表4-2

營運費用是租金、醫療保健、辦公室冰箱裡的汽水和冰箱上方閃爍的燈泡。營運費用是任何未參與產品開發、行銷或銷售的職位薪資。

這就是行政團隊爲什麼會覺得委屈，因爲他們的薪水通常比開發、行銷或銷售團隊還低。

除非錢是花在能賺更多錢的工作上，否則這項支出就該受到質疑。這是控制營運費用的關鍵。

但這不代表在行銷、銷售和產品開發方面，我們就可以盡情花錢了。事實上，不管在任何地方，我們都要盡可能保持精實、輕盈和高效。也就是說，比起只增加飛機重量的支出，可以直接提高抬升力的費用，獲得批准的速度會快多了。

可想而知，若你的營運費用（機身）太大、太重，但供應的產品太過局限（機翼太小），銷售力和行銷力又不夠強（引擎太弱），飛機一定會墜毀。

如果我們希望企業成功，就必須了解這項原理。

一個確保產品或企業不致墜毀的方法，就是監控悄悄擴增的營運費用。

比方說，在決定是否推出一項產品時，價值驅動型企業領導者絕對會想知道，這項活動會如何影響營運費用。爲什麼？因爲即使推出了產品（擴大機翼），營運費用也幾乎一定會增加（機身會變大），所以要計算出擴大的機翼提供的抬升力，是否足以負擔隨之變重的機身。

機師在起飛前會精算，確保飛機不會過重。事實上，如果是小型飛機，有時爲了保證飛行安全，還會卸下一些行李，甚至請乘客下機。

聰明的領導者會確保飛機的機翼夠大、雙引擎很強、機身要輕。因爲他們知道如果不這麼做，企業就會墜毀。

再次強調，重點在於：壓低營運費用永遠是第一要務。否則企業變得過重就一定會墜毀。

爲了確保企業精實、輕盈和安全，聰明的企業策略制定者會問以下問題：

①**要開發、推出和銷售這項產品，會占用到誰的時間？**時間很昂貴。如果沒計算出開發一項產品會耗去我們的員工多少時間，就會威脅到整家企

業的安全。

②**執行這項專案需要雇用哪一類新人、需要支付多少薪資？**薪資通常是最大項的支出，我們必須事先知道，開發這項產品會讓這項支出增長多少。不僅如此，我們還需要知道這些薪資的分配是屬於產品開發、銷售和行銷，還是行政。記住，產品開發、銷售和行銷有助提高抬升力，而行政大多是必要的營運費用。

③**開發新產品會讓營運費用增加多少？**我們會不會需要更大的辦公室、更多的醫療保健、更大的人資部、進一步的研發活動等等？換句話說，如果我們擴大機翼，機身要變得多大才能撐住機翼？

④**這次開發有哪些非必要的成本可以縮減，才能確保整架飛機不會過重？**如果我們希望飛機安全可靠，一定要提升效能和引擎推進力，擴大與強化機翼，同時降低機身重量。換句話說，我們必須提升每一處的效能。永遠如此。

★

本日極簡商業課摘要

要打造出穩健成長的企業，請把支出分為四大類：產品開發、銷售、行銷和營運費用。

第23天　如何制定策略

開發和銷售對的產品

機翼：市場對我們銷售的產品是否有需求？產品是否有利潤？

我們很容易分不清，應該開發哪些產品，又該把寶貴的銷售資源投注在哪些產品上。

通常，這些決定都是情緒化的。我們喜歡開發出 X 產品的團隊，而且老實說，我們還欠他們人情。或者，我們在上次的高層會議裡，再度力挺 Y 產品的重要性，即使它的銷售成績不理想，還是必須投入更多資源來貫徹這項決策，否則就會顯得我們做錯決定似的。或者更糟的是，如果我們能把重心稍稍放在 Z 產品上，原本是有機會快速帶來營收的。天知道我們還有帳單要付。

這些都不是開發一項產品，或把寶貴的銷售和行銷資源分配給一項產品的好理由。

你開發的產品就是機翼。當產品賣出，飛機就能獲得抬升力，得以升空，請見【圖表4-3】。

選擇該把重點放在哪項產品時，請選擇具有兩項關鍵特質的產品：

① **輕盈**。

② **強大**。

我所謂的輕盈和強大，是什麼意思呢？

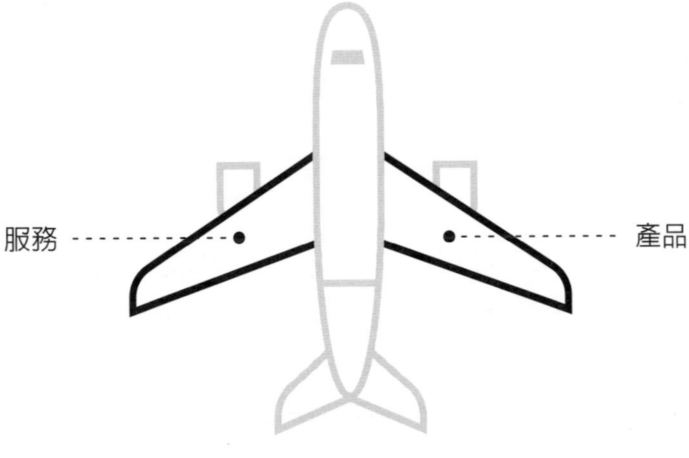

圖表4-3

① **輕盈：**售出後能帶來可觀的利潤，或是利潤較低但銷量大。

② **強大：**市場對這項產品有強烈的需求。

換句話說，不管我們對一項產品的感受如何，永遠只投資在有利潤且有需求的產品。就這樣。不然的話，我們就是在給飛機裝上小又虛弱的機翼，結果只會導致墜機。

在決定是否要開發和銷售一項產品，甚至是買下製造某樣產品的公司時，利潤和需求永遠是最重要的考量。同樣的，如果一項產品需求不高或利潤不佳，機翼就會太過脆弱，無法支撐機身的營運費用，那就會墜機。

這些標準對於精簡產品供應也很重要。幾年前，公司可能需要現金，並決定以五百美元的價格銷售 X 產品。現金流改善了一陣子，結果突然之間一切又回到起點。爲什麼？因爲這項產品的生產成本爲四百二十五美元，而七十五美元的利潤不足以支付營運費用。

這項產品不夠輕盈，因爲它的利率幅度不夠高。

另一項產品在開發出來後，可能是因爲有一位客戶告訴你應該讓它上市，還承諾一定會買。所以你投注了大筆資金讓產品上市，結果才發現全世界只有一個人想買，根本沒有其他需求。

這是一個糟糕的決策，不是因爲沒有利潤，而是因爲需求不高。

依據這兩個條件，也許是該爲你的公司清理的時候了。你目前銷售的產品是否無法獲利呢？有沒有哪些堆在倉庫裡的產品，顯然已經不再有需求？只要清除獲利不佳或需求不高的產品，換上獲利佳且需求高的產品，你就能快速強化機翼。

當然，有些產品是虧本銷售，也就是以成本價或低於成本的價錢大量出售它們，目的是之後帶動其他高價品項。如果是這樣的話，這項產品就能過關。但要小心。更好的策略是開發既能帶動銷售，又兼具需求和獲利的產品。

分析你正在銷售中的產品。它們是否強大又輕盈？需求高嗎？獲利佳嗎？不是的話，請精簡你的產品供應，才不會把珍貴的營運費用和能量浪費在促銷無法提高抬升力的產品上。

爲了保障安全並持續飛行，機翼應該輕盈又強大。就企業而言，產品應該有需求且獲利高。

★本日極簡商業課摘要

要提高企業的營收及獲利，請分析販售中的產品是否有需求，獲利也高。

第24天 如何制定策略

優先開展市場行銷

右引擎／行銷：測試你要如何行銷產品。

《夢幻成眞》是我最愛的電影之一。在這部電影中，凱文·科斯納飾演一名農夫，他聽到一個神祕的聲音，要他在玉米田上蓋一座棒球場。這聲音一遍又一遍地低語：**只要你蓋好，他們就會來**。這部電影裡，他蓋了棒球場，人也眞的來了。

就我所知，這部虛構電影是一件東西只因爲建造好就受到關注的唯一例證。令人遺憾的是，現實生活裡幾乎所有的東西在建造後，都需要行銷活動支持。請見【圖表4-4】。

現實生活的規則應該如下：如果你建造的東西無法吸引人，他們就不會來。

如果你以爲只要有一項很棒的產品，公司自然會日進斗金，那你就錯了。市面上有太多好產品了。能精通向客戶推介產品之道的公司，才能不斷壯大。

後文我會花一整週談論如何建立成功的行銷活動，現在先簡單介紹訣竅，讓你知道如何測試產品，才知道行銷活動是否會奏效。訣竅如下：

在讓一項產品上市之前，我會要求行銷部門爲這項產品建立一個登陸

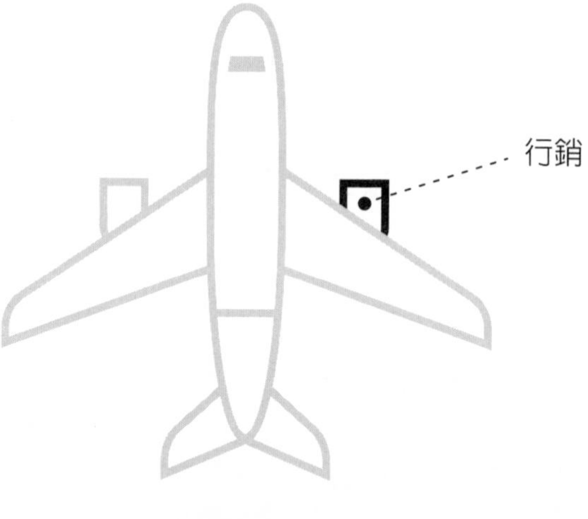

圖表4-4

頁（行銷頁面），讓我調查客戶對產品本身的興趣。

也就是我會建一個網頁，好像這項產品眞的存在一樣，並調查潛在客戶是否會有興趣。只不過網頁上的按鈕文字不是「立刻購買」，而是「加入下次購買清單」，看有多少人會按下按鈕。

我說的不是只有框架的假網頁，而是網路上眞實的隱藏頁面，看起來就像產品眞實存在時會建立的頁面一樣。

在產品存在之前就先行創建行銷宣傳素材，有兩點好處：

①**幫助你釐清行銷語言**：爲產品建立銷售頁面，有助你創造與檢視什麼語言能引起客戶的興趣。建立頁面，以員工身分談論它，並將這個頁面分享給特定的潛在客戶群，獲得回饋。

②**確認客戶興趣**：等你定下明確的行銷語言後，就可以將頁面發布給大眾或是特定的顧客群做預購。蒐集預購單是營造對產品期待感的絕佳方式，也能知道人們對這項產品是否感興趣。

當然，這個登陸頁只是初版，但還是要當成已經要讓產品上市般製作。每一處細節都要考慮到。

測試你的行銷語言，就像是將引擎組裝到飛機前先行測試功能。大多數企業都會等到最後一刻才準備行銷方案，在這之前他們的能量全數都投入在產品的開發。但如果沒有對的行銷語言和方案，產品上市後也不會有人對它感興趣。所以，何不先測試引擎呢？

預先建立測試版銷售頁面，在談論這項產品與它上市後是否會成功，你會更有信心。這也能促使行銷團隊在產品上市前就預先做好準備，而不是等到最後一刻才檢查這具關鍵引擎是否能爲飛機提供推進力。

當然，在向客戶預售之前，你得先確定這項產品確實能生產出來。話雖如此，有時候訂單量實在太少，你還是必須退款給客戶並取消上市，否則就有墜機的危險。

再次提醒，在本書後文的章節，我會花一整週的時間談論如何打造高效的行銷方案。現在的話，請先考慮在釋出產品之前進行測試，以免自己犯下危險的錯誤。

★本日極簡商業課摘要

在產品還不存在時就先建立行銷銷售網頁，測試行銷語言與評估客戶興趣。

第25天 如何制定策略

建立一套銷售系統

左引擎／銷售：建立一步接一步的路徑，能引導客戶逐步採購，並監測每個潛在客戶的進展。

爲了讓企業的銷售引擎能產生推進力，我們需要一套銷售框架和系統。請見【圖表4-5】。

光是雇用銷售人員，然後任他們自由發揮是不夠的。銷售人員需要一個路徑來帶領客戶，如果要做得出色，更需要個人的責任感。

後文會花一整週學習銷售至簡的框架。現在的話，先問問自己，如果有一套步驟明確的路徑可引導客戶，並有指標讓他們知道客戶目前在購買過程中的哪個階段，那麼你、你的銷售人員或整個銷售團隊的生產力能提升多少。

當然，重點在於拿到更多生意。你應該建立每週或每月目標，激勵銷售專業人員引導更多客戶透過這套路徑購買產品。

以下說明銷售部門應有的運作方式。

循序漸進的路徑

每個銷售團隊都需要一系列步驟，引導符合條件的潛在客戶循序漸進地完成交易。

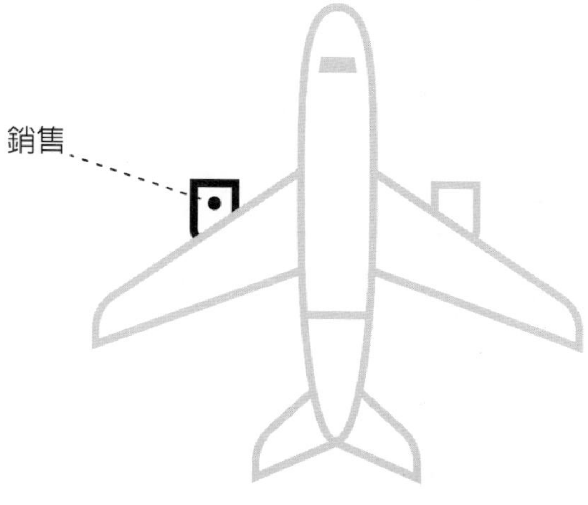

圖表4-5

這一系列步驟可以簡單如下：

①尋找符合條件的潛在客戶。

②發送訊息給潛在客戶並安排時間致電。

③進入初次會面。

④發送強調先前談話要點的提案。

⑤進入成交程序。

有許多方式可以建構這類路徑，但光是擁有一套路徑，就能讓你設定目標，並監測每個潛在客戶的進度。同樣的，我會在後文詳細解說「銷售至簡」的框架，並提供一套簡單易行的路徑，但重點在於預先決定你希望帶領客戶走的路徑，同時能計算在路徑中每一階段的客戶數量。

你可以用很多軟體來監測潛在客戶在關係中的哪個階段。

重點在於：當你創建出一套循序漸進的路徑來和潛在客戶互動時，就能更清楚客戶的需求，營造更有意義的關係，協助更多客戶解決問題，然後達成更多筆交易。

你是否有一套循序漸進的路徑，能引導客戶完成交易？你是否知道客戶處於哪一階段，所以能用最有幫助的方式與他們互動？如果答案是否定的，請建立一套銷售系統，服務更多客戶，同時提高總收入。

★ **本日極簡商業課摘要**

要增加銷售，請建立一套循序漸進的路徑引導客戶，並監測每個潛在客戶的進展。

第26天　如何制定策略

保護現金流

燃料：密切注意現金流，因為一旦現金用盡，企業就會破產。

就算你的飛機本身十分穩固，機翼大又強健，機身輕盈，還有兩具強大的引擎，但如果燃料耗盡，還是會遭遇可怕的墜機。

就企業而言，在銀行裡可取用的錢就是燃料。如果你沒有穩健的現金流，企業無論如何都會破產。請見【圖表4-6】。

我們每下一個決策，最重要的是一定要問自己：這會對現金流造成什麼影響。如果一項新產品需要大量的研發，後續生產耗資龐大，銷售週期又長，那我們就是決定要採取逆風飛行，這會快速耗盡燃料。這樣的決策要極爲審愼。

有多到驚人的企業領導者是憑直覺行事，從不考慮資金是否足以支撐他們想開展的專案。但是一個好的機師，永遠不會憑直覺判定燃料是否足夠。

事實上，任何上過幾堂飛行課的人都知道，在起飛之前，你甚至連燃料表都不能信任。你得親自爬到機翼上，用儀器實際確認油箱裡確實有燃料。

以下是在做出重大商業決策前該問的七個財務問題：

①在推出這項產品前，需要多

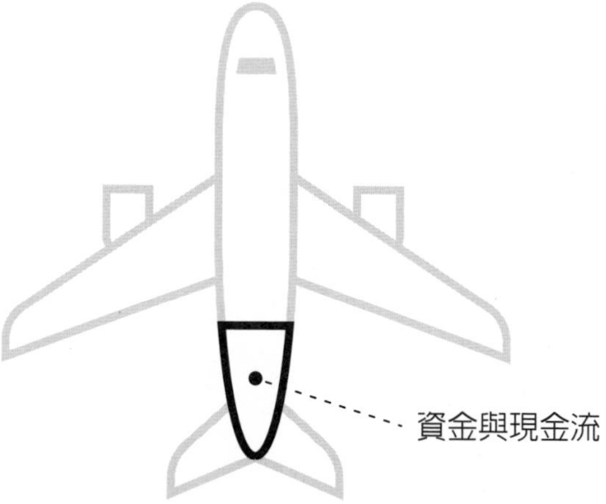

圖表4-6

少現金才能生產它？

②這項產品的利潤幅度是多少？資金能回籠嗎？

③這項產品何時能開始賺錢？

④推出這項產品會對我們的其他收入來源有何影響？它會減少來自其他地方的現金收入嗎？

⑤在這項產品上損失的金錢，會在別處產生銷售和獲利嗎？如果是的話，有多少？

⑥如何能提高這項產品的獲利能力？

⑦這項產品的哪個版本能賣出更多錢？

利用這些問題來刺激你思考各項收入來源。一定要用這些問題來帶出實際數字。在取得實際數字之前，你都只是期待自己有足夠的燃料。但實際數字會告訴你究竟能不能完成這趟旅程。數字不會說謊。

最能讓老闆警鈴大作的事，莫過於在談話中暴露出你對現金流根本一竅不通。決策應該根據產品直接或間接影響公司現金流的能力。

我稱這一類思考為「燃料過濾器」，因為每個決策都要經過以下這個問題過濾：這會如何影響現金流？

你是否會用燃料過濾器檢視每個決策，自問這個決策如何影響公司維持穩健現金流的能力？

★本日極簡商業課摘要

在做每一個決策之前，都先自問：這會如何影響現金流？

價值驅動型專業人才

*精熟每一核心能力，提升個人可獲利價值

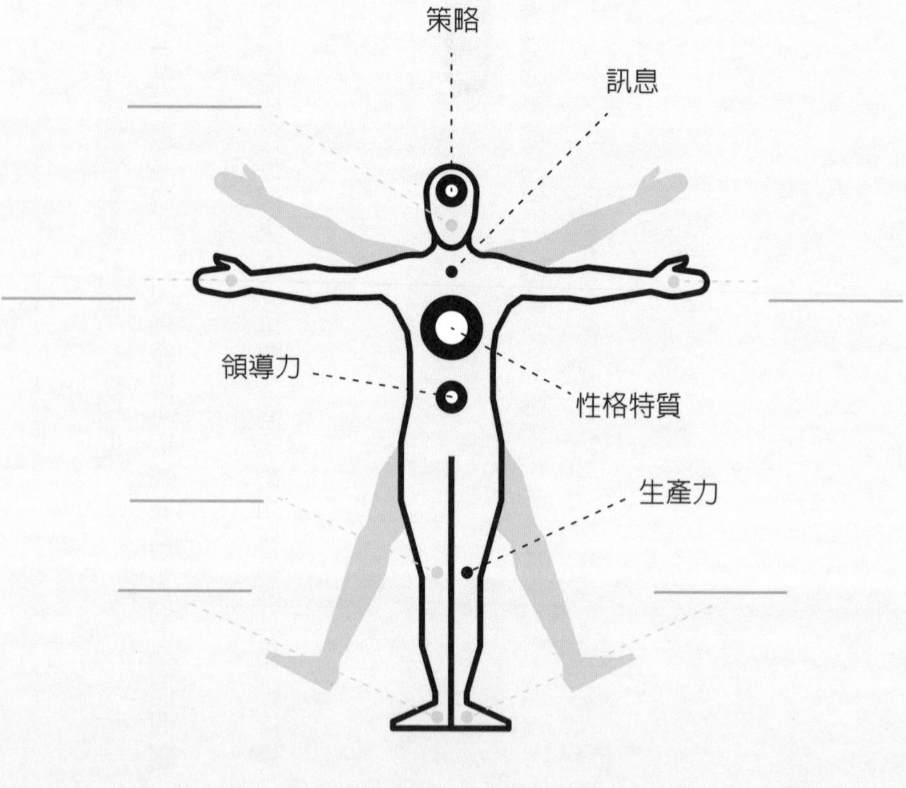

第五章

訊息至簡

如何與為什麼要闡明行銷訊息

現在我們已經培養了稱職專業人才的性格特質，學會打造願景，提高了個人生產力，也明白了企業如何運作，現在該來學習如何闡明訊息了。

除非能用可吸引買家的行銷訊息，來向客戶解釋專案的重要性，否則我們努力推動的任何專案都很可能滯礙難行。

客戶不只會受好產品吸引，更會受到清楚描述產品的訊息吸引。

在接下來的兩章，我會教你如何闡明行銷訊息，再利用闡明過程中得到的金句創建銷售漏斗。任何知道如何闡明行銷訊息的專業人才，在市場上都會身價看漲，為什麼？因為清晰的訊息能賣出產品。

身為專業人才，最難的一件事就是引起人們注意，但接下來五天我會教你怎麼做。我會教你邀請客戶進入一個清楚、吸引人的訊息。

如果能清楚解釋人們買了你的產品後，能過上怎樣的更好生活，你就可以賣出更多產品。

在接下來五天，我會教你如何創造出幾個策略金句，讓顧客想要買你的產品。

一旦有這些金句之後，你就可以一遍又一遍地重複，就好像在帶全世界背台詞一樣。厲害的行銷人就是這麼做的，他們帶著全世界背台詞。外行人說出想法，但價值驅動型專業人才透過重複精簡的金句引導人們的想法，邀請顧客買下能讓他們生活過得更好的產品。

等你創作出金句後，就可以寫進【圖表5-1】的框架中。

等你學完這五天後，就會明白這個圖表的用意。你也可以用我在MyStoryBrand.com創建的工具，創造自己的訊息表格。這個工具同樣是免費的。

在理解如何闡明訊息後，你就能用這

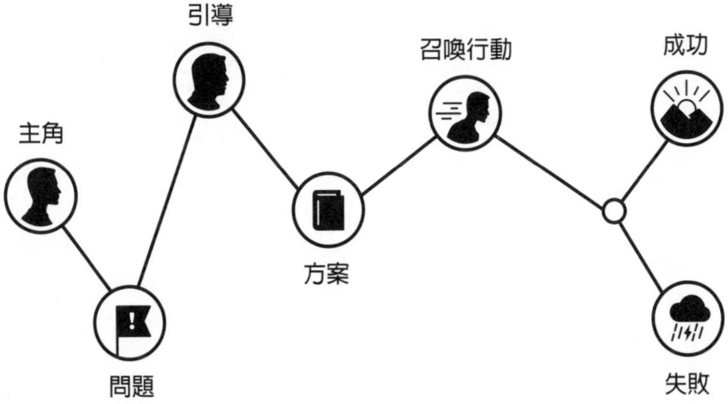

圖表5-1

些訊息創作行銷宣傳素材、發表更好的演說、設計精采的電梯遊說，甚至述說爲何你做的事對世界很重要的故事。簡而言之，有了清楚的訊息，你就能透過自己的事業對世界產生正面影響。

你能清楚說出你的產品如何改變別人的生活嗎？你有能讓人想知道更多，甚至出手買下的金句嗎？你在設計網站架構或寫演講稿時，會覺得很卡嗎？

接下來五天，我會介紹「故事品牌」（StoryBrand）的訊息框架，幫助你闡明訊息，讓人們聽進去。

第27天 如何闡明訊息

運用故事吸引客戶

在闡明訊息時，利用故事的威力。

普通人每天有三〇%的時間都在做白日夢。事實上，我們在和他人說話、聽演講、滑手機，甚至是吃飯時，大多數時候都心不在焉。

做白日夢或心不在焉不是壞事。其實，做白日夢是一種生存機制。它是在保存大腦能量，以備不時之需。也就是，如果一件事不有趣，大腦就會讓你進入白日夢模式，以免你用掉之後遇到威脅時可能需要用到的能量。

遺憾的是，這也造成每次我們想向某人解釋重要事情時，對方大多時候都正在對抗神遊天外的誘惑。除非……

能阻止人做白日夢的唯一已知方法，就是故事。當我們開始聽故事，就會集中注意力，不再做白日夢。故事的威力就是如此強大。

只可惜大多數人都不懂怎麼說故事，當然更不曉得如何以古老的故事要素過濾訊息，引起別人注意。

對你來說，這一切今天就會改變。我會教你一套說故事的公式，接下來一週還會拆解這套公式，使你能創作出絕佳的行銷訊息、發表精采的演說，牢牢抓住閱聽眾的注意力。

請參照【圖表5-1】，開始囉……

● **想要某樣東西的人物：**好的故事要先從一個人物開始。一個人物出現在螢幕上後，必須在數分鐘內讓觀眾知道他想要什麼。這個人物想要的東西必須清楚定義：他是想娶那女人、她是想解除炸彈。不管是什麼，一定要明確，否則就會失去觀眾。

● **人物碰到問題：**接著，我們不能讓故事的人物輕易得到他們想要的東西，不然故事就很無趣。我們得定義這個人物正苦於某種問題。問題是個關鍵。如果我們沒有定義問題，人們就會停止關注。

● **人物遇到指引：**接著我們的主角見到另一個名爲引導者的人物；引導者已克服了主角正面臨的問題。接著引導者幫主角克服問題，贏得勝利。

● **引導者交給主角一套方案：**引導者交給主角一套能用來克服問題的方案。它通常是以一系列步驟呈現，定義主角要贏得勝利必須踏上的旅程。

● **引導者召喚主角採取行動：**在提出方案後，引導者挑戰主角採取行動。他們就必須邁出步伐解決問題，克服挑戰。如果沒有引導者的挑戰，主角是不會採取行動的。

● **定義利害關係——成功：**主角採取行動，故事裡一定要有利害關係，不然就很無聊。主角獲勝後生活會變成什麼樣子？他能娶到心上人嗎？她能拯救村莊嗎？說故事的人必須描繪出順利成功後生活的美好畫面。

● **定義利害關係——失敗：**讓閱聽眾知道主角沒能獲勝的後果，也同樣重要。主角會孤老以終嗎？村莊會有人喪命嗎？如果後果無關痛癢，故事就會顯得平淡無趣。必須要有某些東西是可能贏得或失去的，不然故事就無法引人入勝。

不管你是要演說（我會在後文分享更多演說技巧）、設計網站或做電梯遊說，都能利用這個簡單的故事公式吸引閱聽眾。

以下的例子是一名烘焙師傅用來銷售結婚蛋糕的故事公式：

- **想要某樣東西的人物：**每個新娘都想要一個美麗的結婚蛋糕，反映出那一刻的意義。
- **人物碰到問題：**問題是大多數結婚蛋糕都很難吃，讓賓客留下壞印象。
- **人物遇到指引：**八街烘焙坊受夠了難吃的結婚蛋糕，所以開發出一套製程，讓漂亮的結婚蛋糕也可以很美味。
- **引導者交給主角一套方案：**若需要服務，只需事先預約，來店試吃，並指定蛋糕送達日期。

● **引導者召喚主角採取行動：**今天就預約。

● **定義利害關係——成功：**如果訂了我們的蛋糕，賓客會對你的美麗蛋糕大為讚嘆，還會忍不住再吃第二塊。

● **定義利害關係——失敗：**別讓難吃的蛋糕影響心情，今天就預約。

這是一則銷售話術。這樣的語言可以用在演說、行銷網站、電子郵件，甚至是影片中。

等你明白故事如何運作，就能闡明任何訊息，讓人聽得進去。

接下來四天，我會拆解這些故事元素，幫你打造更清楚的訊息。不管接手什麼專案，你都能以吸引人的方式談論它，並吸引到所需資源，使專案成功。

★

本日極簡商業課摘要

為了吸引閱聽眾，你要知道如何以故事元素過濾行銷訊息。

第28天 如何闡明訊息

將客戶定位爲主角

在闡明行銷訊息的時候，千萬別將自己定位為主角。永遠把自己定位為引導者。

在故事中，主角並不是最強大的角色。事實上，主角往往不願採取行動，對自己充滿懷疑，擔心結局會不好，迫切需要協助。

在故事裡，主角是從弱者變強者的角色。

不過在大多數故事裡，都有一個原本就很強大的角色。引導者在故事中存在的目的，是爲了協助主角獲勝。因此，當我們在闡明訊息時，最好把自己定位成引導者，而不是主角。

在生活中能扮演主角是很棒的事。事實上，我們都是主角，努力要完成某項使命。但在企業中，請轉換角色，扮演引導者。引導者的存在是爲了協助主角獲勝，這也是企業存在的理由。企業之所以存在，是爲了替客戶解決問題，幫助他們贏，使他們得以轉變成比之前更好（或有更多能力）的人。

一般人每天都要扮演許多角色。早上在檢視人生計畫並安排一天活動時，他們在扮演主角。接著在幫孩子準備上學時，他們換上引導者的角色，協助孩子成爲更好的自己。

到了辦公室後，他們繼續扮演主角，處理日常事務。但他們只要一接到客戶的來電，又立刻轉換爲引導者。

想在生活中成就更多，請扮演主角，但只要是和客戶在一起，永遠要扮演引導者，而非主角。爲什麼？因爲顧客要找的是能協助他們獲勝的引導者，並不是在尋找另一個主角。

有些電影中最受人喜愛的角色，其實是引導者。在《星際大戰》中，尤達和歐比王協助路克和他的朋友對抗邪惡帝國。而在《飢餓遊戲》中，黑密契協助凱妮絲活下來，並獲得最後勝利。

引導者是故事中最強大的角色，因爲他們早已克服主角正面臨的同樣挑戰。這讓他們經驗豐富、能力具足，知道如何取勝。

在生活中，需要幫助的人（所有人都有這樣的時刻）要找的並不是另一個主角；我們要找的是引導者。所以，如果一個品牌、產品或領導者，將自己定位爲主角而不是引導者，客戶通常就會略過它，繼續找下一個品牌、領導者或產品。

定位爲主角和定位爲引導者有何差異？主角說自己的故事，引導者則了解主角的故事，並做出犧牲來協助主角獲勝。

引導者強大又自信，知道如何擊敗反派。引導者在主角的旅程中爲他們出謀獻策。

將你的品牌、專案或你自己，定位爲引導者，人們就會跟隨你的指引。

要如何將自己定位爲引導者？有本事的引導者會有兩大特徵：

① **同理心**：引導者了解主角面臨的挑戰，知道他們的痛苦，會關心主角。

② **權威**：引導者有能力協助主角解決問題，也很清楚自己在做什麼。

專業人才在溝通中的連環必殺技，就是說：「我知道你現在面臨什麼難題，我能幫你脫離困境。」

當你爲了創作行銷宣傳素材、發表演說、進行電梯遊說，甚至是開會時，闡明訊息的方式就是：透過對閱聽眾的問題感同身受來扮演引導者，協助他們解決問題。

★ **本日極簡商業課摘要**

在闡明訊息時，將自己、產品和品牌定位為引導者，而非主角。

第29天 如何闡明訊息

談論客戶的問題

在闡明行銷訊息時要知道：問題就是引人上鉤的關鍵。

故事都是在主角遇到問題之後，才開始變得精采。你可以告訴我們主角的名字、住在哪裡、和哪些人來往、他們想要什麼，但直到問題出現並挑戰主角之前，觀眾只會納悶：故事到底什麼時候才會開始？

所以，這個關於故事的事實，放在企業中又要如何解讀呢？

意思就是：在你開始談到自己的產品或品牌是解決對方問題的方案之前，他們都不會感興趣。

問題就是引人上鉤的關鍵。直到說故事的人說出主角面臨的問題之前，聽眾只會坐在那裡納悶這故事到底要說什麼。

想一想。是不是直到我們發現傑森．包恩根本不知道自己是誰，電影《神鬼認證》才開始變得有趣。要是佛羅多．巴金斯只要把魔戒丟進家裡小廚房的垃圾桶，就能毀掉它，我們就沒故事可聽了。故事的重點就在於英雄克服**衝突**。爲什麼？因爲衝突才能引起閱聽眾的注意力。

這對我們的行銷訊息又意味著什麼？這表示，必須持續談論客戶的問題，否則他們不會對我們的產品感興趣。

如果你正在創作產品的話題要點，一定要定義自己的產品解決的確切問題。你解決了什麼痛苦？剷除了什麼障礙？你擊敗了怎樣的壞蛋？問自己這些問題，答案就會透露爲何你的產品值得購買。

你能解決的問題說出的越多，可以爲產品或服務附加的價值就越高。

可惜的是，在闡明訊息時，大多數專業人士都是在講自己的故事。他們談自己的爺爺如何創立這家公司，他們又經營了多久。但這些都是白費唇舌。任何專業人士第一個該談論的話題，就是他們或產品能解決的問題。在他們開始談論問題之前，聽眾只會猶豫要不要繼續聽下去。

你能解決什麼問題？你所任職的公司部門可以解決什麼問題？你的產品解決了什麼問題？定義這個問題，人們就會開始用心聽了。

★ 本日極簡商業課摘要

在闡明行銷訊息時，定義你能解決的問題。

第30天 如何闡明訊息

發出明確的行動召喚

在闡明行銷訊息時，定義你要閱聽眾採取的行動。

明確的行銷訊息能激發行動。

明確的行銷訊息無法改變世界，人們聽到明確的行銷訊息後採取的行動，才能改變世界。

我們所知的世界，不是由低頭閒坐的人所打造，而是由受到鼓舞、起身行動的人所打造。

在第二次世界大戰期間，受到英國首相邱吉爾每週演說的鼓舞，英國前線的士兵浴血奮戰。在目睹戰友死去、希望破滅後，是邱吉爾的每週訊息和行動召喚，讓他們能堅持下去。

在一則好故事裡，引導者必須自信地要求主角採取行動，否則主角就會失去信心與失敗。

爲什麼？因爲如果引導者不能自信地要求人們採取行動，閱聽眾就會開始懷疑這個引導者的能力：你到底能不能幫主角脫離困境？

歐比王不能禮貌地建議路克「將使用原力當成可能選項」。他必須清楚地下達指示，要求路克「使用原力」。

閱聽眾可以察覺，你是否眞心相信自己的理念或產品。要麼你有解決之道，要麼沒有。要麼你有信心，要麼沒有。要麼你能在他們的旅程中提供協助，要麼你不能。如果你不能，會禮貌地請人買你的產品，就好像在請他們捐款一樣（因爲你確實是如此）。但是，如果你確實能幫上忙，就會堅定地告訴他們，買你的產品或使用你的服務，因爲你不希望他們再受問題所擾。

許多專業人士不了解能力和自信的威力。如果你確實能解決人們的困難，有信心邀請他們踏上這條解決之道，就應該擺出堅定的姿態。

事實上，如果你自信地告訴人們應該做什麼事才能解決問題，他們就會照做，但是如果你用怯生生的樣子去建議別人可以怎麼做，他們很可能就不予理會了。

多年前，我在「故事品牌」的訊息工作坊中，爲兩百多名商業領袖上課。我在教室裡總是活力充沛，天生就是要當老師的人，我也非常喜歡尋找各種方式，力求不用課本或投影片就能傳達重點。我告訴學員，接下來是重點中的重點，但是我得在大樓外的人行道上才能說。

我請大家站起來，跟著我走出教室。

兩百多位商業領袖全都緩緩起身，臉上帶著困惑走出門外，穿過走廊，來到街邊。接著，我站到箱子上，抓起一個大聲公，告訴他們我要說的重點中的重點。

我對站在人行道上的眾人說：「永遠記住這一點：**你要人們去哪裡，他們就會去。**」

全班哄堂大笑，一邊搖著頭，然後我們又慢慢走回大樓。

我希望學員明白的真正重點就是：如果你沒告訴人們該做什麼，他們就不會去做。如果你的演說最後沒有發出清楚的行動召喚，人們就不會採取行動。如果你的網站上沒有提供循序漸進的步驟指示，人們就不會跨出第一步。

當你創造出能構成清楚行銷訊息的話題要點後，記得納入強而有力的行動召喚，否則你永遠無法改變世界。

★ **本日極簡商業課摘要**

在闡明訊息時，納入強而有力的行動召喚。

第31天 如何闡明訊息

定義利害關係，營造緊迫感

在闡明訊息時，記得定義利害關係。

小時候，母親會在週五晚上帶我和妹妹去一美元影院，她會爲我和妹妹一人付一美元門票，然後再花一美元買爆米花和一杯可樂。別忘了，我們家很窮，去看電影可是一件大事。

但我對天發誓，這樣的經歷要我拿來換富裕的童年，我也不要。它們簡直是有魔力。

我就是在一美元影院愛上了故事。當然，我們看的電影，要比有錢人家看的還晚兩個月，但誰在乎呢。那些電影太精采了。艾略特能送ＥＴ回家嗎？路克可以摧毀死星嗎？洛基能打敗阿波羅嗎？

孩提時，我在電影院內度過許多難忘時刻。這些經驗後來促使我開始研究故事，寫出多本著作，還寫了一部自己的劇本，再後來又協助許多領導者打造出重要訊息。

那麼，是什麼讓故事這麼精采呢？我十二歲那年，在《小子難纏》結尾時起身將爆米花抛向天空。讓我這樣做的原因，就和協助你吸引客戶進入精采故事的因素一樣：利害關係。丹尼爾究竟能不能擊敗惡霸，帶著傷腿贏得空手道大賽呢？事實證明，他可以。

希望別人投入你和你的品牌，就像我投入《小子難纏》那樣嗎？想成爲與眾不同的領導者嗎？想讓產品在市場上占有一席之地嗎？想讓品牌在眾多選擇中脫穎而出嗎？如果是的話，就要明確告訴閱聽眾，如果選了別人而不是你，會有什麼利害得失。

如果沒說清楚利害關係，你在別人記憶中消失的速度，會比那些追求藝術而非有趣的德國黑白電影更快。

如果我們買或不買你的產品，會怎麼樣？如果我們選了他牌，會獲得或失去什麼？

沒有利害關係，就沒有故事。

花一點時間回答下列問題：

①如果人們投入我邀請他們進入的故事，他們的生活會變得如何？

②如果人們不投入我邀請他們進入的故事，他們的生活會變得如何？

說清利害關係，你的故事就會變得非常、非常有趣。

★本日極簡商業課摘要

在闡明訊息時，定義如果人們投入或不投入你邀請他們進入的故事，會獲得或失去什麼。

價值驅動型專業人才

*精熟每一核心能力，提升個人可獲利價值

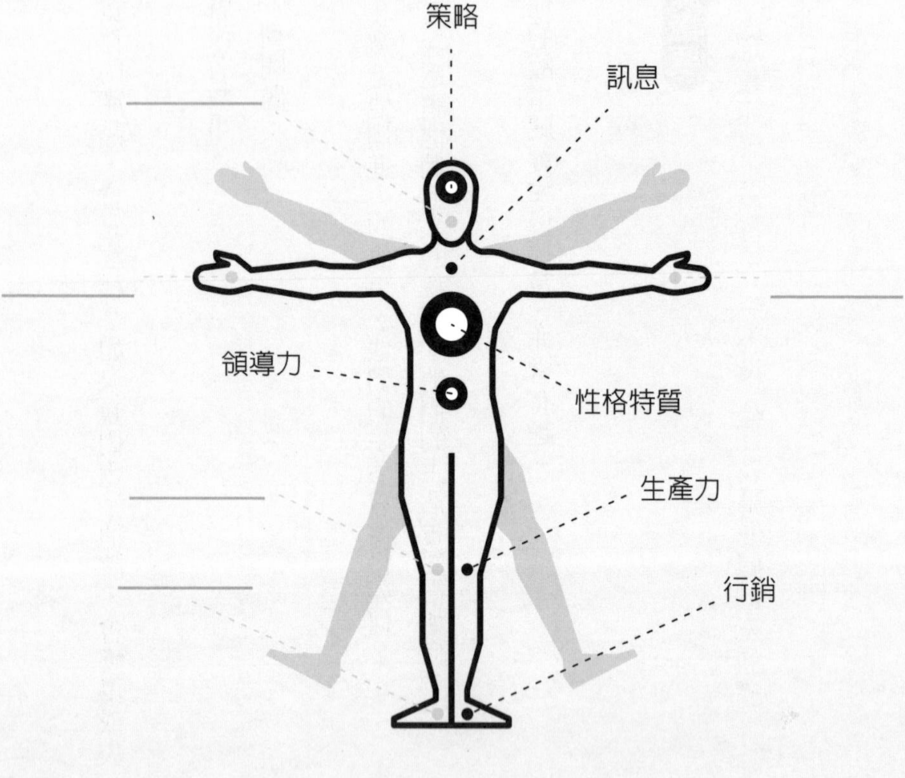

第六章

行銷至簡

如何創建銷售漏斗，將潛在客戶轉變成購買者現在我們已經培養了有能力專業人才的性格特質，學會以願景讓團隊團結一心，提高了個人生產力，明白了如何不讓企業墜毀，也學到了闡明行銷訊息。該是成爲行銷專家的時候了。

不是每個專業人才都在行銷部門任職，但每個專業人才都需要對行銷有足夠的認識，才能宣傳自己的點子、產品和計畫。

行銷不光只是關於傳達訊息給客戶，也是關於傳達訊息給同事和利害關係人，甚至是新聞媒體。

在「極簡商業課」中，我們教學員一套基本的行銷方法，名爲「銷售漏斗」。銷售漏斗是十分簡單、不昂貴，卻極爲有效的行銷策略。事實上，我認爲銷售漏斗是任何優質行銷方案的基礎。

銷售漏斗可以用來吸引客戶或用於內部溝通；可以用在B2C或B2B溝通；可以用在營利或非營利活動。什麼形式都可以用。銷售漏斗就是有效。

事實上，在二〇二〇年三月，新冠肺炎讓全球經濟停頓，大多數零售商家都關門數月的時候，我注意到運用銷售漏斗的企業較有可能挺過來。爲什麼？

因爲銷售漏斗可以幫你做到兩件事：

① 贏得客戶的信任和熟悉。

② 讓你可以主動聯繫客戶與調整訊息。

建立了銷售漏斗的企業之所以能挺過來，是因爲蒐集了電子郵件地址和聯絡資料，所以可以因應疫情危機，及時調整訊息和提供的服務。沒有銷售漏斗的企業無法接觸到客戶，結果就被遺忘了。

如果你正在發展事業，銷售漏斗應該是你在行銷方案中第一個要創建的內容。

接下來五天，我會介紹「行銷至簡」的方法，告訴你組成銷售漏斗的五個部分。

大多數的行銷訓練都是學理性的，但我的訓練是以實用爲目的。我希望你能實際建構這項被證實有效的基本行銷工具，或者指導自己的行銷人員建構這項工具。

不管你將來會不會成爲專業行銷人，了解銷售漏斗及其運作，會大幅提升你在公開市場上的價值。每個人都應該學會如何告訴別人自己在做什麼，以及爲什麼這樣做很重要。

不僅如此，等你學習了本週的內容之後，你對行銷的了解會超越九五％的企業領導者。這會讓你成爲頂尖專業人才的一員，能夠爲任何組織帶來極高的價值。

第32天 如何打造行銷宣傳

了解銷售漏斗

高明的行銷人知道如何建構銷售漏斗。

所有銷售都是以關係爲基礎。人們不時會聽到各種關於產品和服務的廣告訊息，但是大部分都會當成耳邊風，除非他們聽到信任的人或品牌推出了產品和服務。

要了解如何打造有效的行銷方案，就要先知道關係如何運作。所有關係都會經歷三個階段，請見【圖表6-1】。

人們第一次遇見我們的時候，他們可能會好奇地想多認識我們，也可能沒興趣。對品牌和產品也是同樣道理。人們要麼是想多知道一些，要麼不是。

有時候，人們得多看我們的品牌好幾次，才會願意花時間了解一下。

但什麼才會讓人想進一步認識？

好奇

人們是否對你或你的品牌感到好奇，要看他們是否會將你與他們的生存聯繫起來。

我知道這聽起來很原始，但這是事實。人類天生就是要求生存，也不斷透過大腦過濾器篩選遇到的資訊。這個產品能幫助我生存與茁壯發展嗎？和這個人建立關係，能讓我感到

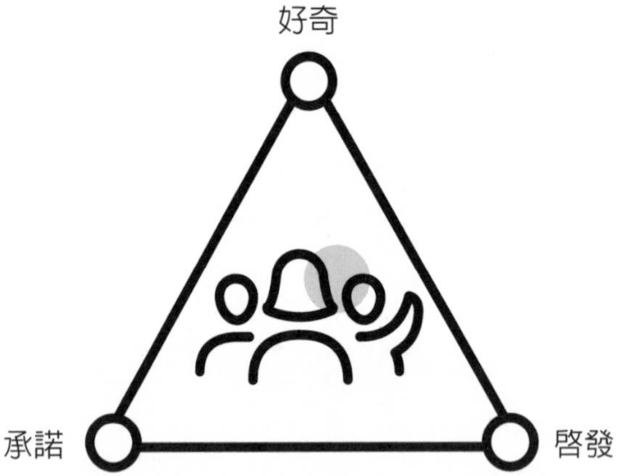

圖表6-1

更安全，或者提供更多資源，讓我能更容易在這世界上成功嗎？

假設我們在一場派對上，有個人引發了我們的好奇心（觸動我們的生存雷達）。如果我們年輕又單身，這個人可能很有魅力，所以我們的生存過濾器被「也許能找到伴侶」的想法所觸發。或者我們年紀稍長，而這個人參加過自己一直想去的研討會。由於他掌握了我們是否該花資源去參加這個研討會的訊息，這就觸發了我們的生存過濾器。不管是什麼引發我們的好奇心，我敢保證一定都和某種生存形式有關。

因此，如果想引起人們的好奇心，我們就要把產品或服務，與他們的生存掛勾。

生存可以是任何形式，從省錢、賺錢、遇見新朋友、學到更多健康食譜、體驗急需的休息等等。絕大多數產品或服務，都能與客戶的生存掛勾。

透過將我們自己或產品和服務，與人們的生存掛勾，我們就得以進入關係的下一階段：啟發。

啓發

在引發客戶的好奇心後，接著就該啓發他們，讓他們知道我們是否眞的能幫助他們生存。

啓發客戶了解你的產品怎樣幫助他們生存，意思眞的只要告訴他們「如何」就好。

這項產品如何幫助我生存？如果我用了這個產品，生活會如何改善？其他人如何談這個產品？

在引發客戶的好奇心，使他們對產品感興趣後，我們可以稍微放慢溝通速度，然後啓發他們知道產品如何運作。

只有當一個人受到啓發，並被說服相信自己的問題能得到解決、生存機率可以提升，他才會願意進入關係的下一階段：承諾。

承諾

當一個人對別人，或者他相信能幫助自己生存的產品，願意承擔風險，在一段關係中就會衍生出承諾。

以產品或服務來說，承諾就是指客戶願意付錢，交換他們相信可以有助生存的東西。

客戶下單就代表承諾。

可惜的是，大多數的行銷活動並沒有依循關係的自然進展過程，所以最後失敗。

關係需要時間。如果還沒引發別人的好奇心，或是啓發他們認識我們的產品，就要求做出承諾，他們當然會轉身離開。我們必須慢慢地、花點時間，引發客戶的好奇心、啓發他們認識我們的產品，然後才要求他們做出承諾。

接下來四天我要介紹「行銷至簡」的銷售漏斗，能和緩並自然地和客戶建立關係，因此客戶更有可能信賴你，進而下單。

「行銷至簡」的銷售漏斗各個部分請見【圖表6-2】。

等你學會如何創建銷售漏斗，就能執行一套有效的行銷方案，可以贏得客戶信任，建立穩固的關係，最終使得品牌成功。

不管你想不想建構銷售漏斗，了解銷售漏斗的組成要素及其運作，都能提高你在任何組織中的價值。因爲你知道能推廣自己產品或點子的行銷方案，應該是什麼樣子。

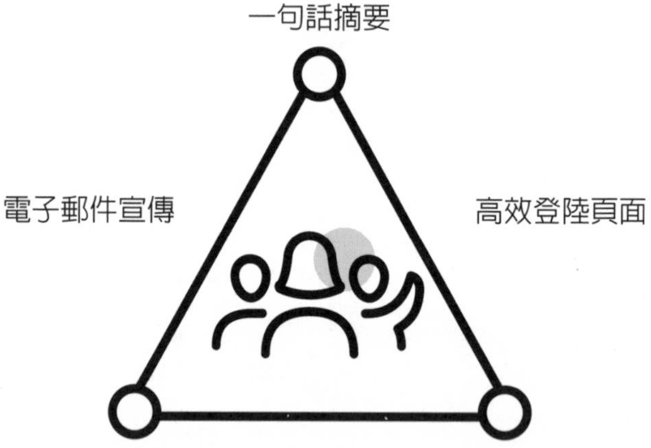

圖表6-2

★ 本日極簡商業課摘要

學習創建有效的銷售漏斗，才能和客戶建立穩固的關係。

第33天　如何打造行銷宣傳

寫出能促成銷售的一句話摘要

高明的行銷人知道如何寫出一句話摘要。

和客戶建立關係的第一步，就是引發他們的好奇心。但我們要怎樣才能用一句話就做到呢？

如果被問到是做什麼的，大多數人都會回答公司名稱或職稱。這種資訊無法引發別人的好奇心。但如果他們用不同的方式回答呢？如果他們回答的方式，可以讓別人想向他索取名片，或是想和他約時間呢？

如同我在本章開頭所說，要引發他人的好奇心，就要把你的產品或服務，和他們的生存掛勾。有一條傻瓜公式就能做到這一點。

要創造能引發客戶好奇的一句話，就是創造我們所謂的「行銷至簡的一句話摘要」。

這個想法來自電影業。編劇在寫劇本時，必須要能摘要劇情，才能讓製作人願意投資，並在電影拍完後，吸引人走進電影院。這個一句話的故事摘要，攸關能否吸引大眾花錢看電影，可以讓製片商大賺或大賠數千萬美元。

要是企業也有一句話摘要呢？企業是否可以用一句話（或一則宣言），總結自己的產品要邀請客戶進入的故事，而且這句話會讓人想知道更多，甚至買下產品呢？

行銷至簡的一句話摘要就是這樣的一句話。一句話摘要包含三個元素：

① 問題。
② 你的產品做爲解決方案。
③ 結果。

其實一句話摘要的結構，就相當於一則極短篇故事。主角遇到問題，尋找解決之道。結果就是在你解釋自己做什麼時，人們會湊近細聽。

舉例來說，如果你在派對上問某人是做什麼的，他回答是「到府私廚」，你可能會想知道對方是怎麼進入這一行，或他們最喜愛的餐廳是哪一間，或是他們是否到過名人府上提供服務。

但如果你遇見另一位到府私廚，廚藝同樣高明，價格也一樣，只不過在你問他是做什麼的時候，他這樣回答：

「你知道大多數家庭都不在一起吃飯，就算是，也吃得不健康嗎？我是到府私廚，我提供到府服務，讓一家人吃得好又能有更多時間相聚。」

這樣一來，這位到府私廚不只是能獲得更多生意，而是能包攬所有的生意。為什麼？因為他們用故事引發別人的好奇，而故事中的人有更高機率生存和茁壯發展。現在客戶會心想：**這對我有用嗎？不知道要多少錢？你是一週到府一天還是每天？**

第一個私廚只說出工作內容；第二個私廚說的是一句話摘要。

當有人問你是做什麼的，你有沒有簡單的一句話或一則宣言，能引發他們的好奇心。

等你創作出自己的一句話摘要，就把它印在你的名片背面。用你的一句話摘要做爲電子郵件的簽名。一定要在官網放上一句話摘要。背好你的一句話摘要，這樣有人問起你是做什麼的，就能清楚地回答並讓事業成長。

一句話摘要會是你創作最接近魔咒的話，它能讓人想和你做生意。

★ **本日極簡商業課摘要**

一句話摘要是行銷方案的第一個元素，要引發客戶的好奇心。

第34天 如何打造行銷宣傳

創建高效的網站

高明的行銷人知道如何創建能通過原始人測試的網站。

銷售漏斗中下一個該創建的元素就是你的網站。一個有效的網站可能有許多區塊，但如果你希望盡可能提高網站的效能，有一條規則一定要遵守：你的網站必須通過原始人測試。

大多數人都不會仔細閱讀網站，而是一眼掃過。爲了讓人們停止掃視網站，轉而開始閱讀——從好奇前進到想有所啓發——你可以透過清楚地傳達三個關鍵問題的答案，進一步勾起他們的好奇心。

這些問題超級原始，就連原始人應該都能從你網站上放大加粗的字體中找出答案。

想像你交給原始人一個開著你網站的筆記型電腦，給他們五秒瀏覽你的登陸頁面。

在短短五秒內，原始人能清楚回答以下三個問題嗎？

①你提供什麼？

②它能如何讓我的生活變得更好？

③我要怎麼做才能買到它？

如果看了你的網站五秒後無法回答這些問題，你就會失去生意。

你裝設的泳池，能讓一家人享受夏日嗎？如果我家想裝設，是要按「取得報價」的按鈕嗎？如果一個原始人可以在看了你的網站短短五秒後，就能咕噥表達出你提供什麼、它能如何讓他的生活變得更好、他要怎麼做才能買到，那麼恭喜，你已經傳達得非常清楚了。

大多數公司想在網站中分享的資訊，非常多。事實上，人們不需要知道是你祖母創立了公司，或是你十年前拿過商會獎。

大家需要知道的是你提供什麼、它能如何讓他們的生活變得更好，以及他們要怎麼做才能買到。

網站最上層的區塊最重要，因爲它框定了整個頁面呈現的其餘訊息。我們稱這個區塊爲「頁首」。如果你的網站頁首通過了原始人測試，你就會看到銷售成長。

★

本日極簡商業課摘要

網站是行銷方案的第二個元素，學會創建能通過原始人測試的高效網站。

第35天 如何打造行銷宣傳

蒐集電子郵件地址

高明的行銷人透過提供免費價值來獲取電子郵件地址。

等你用一句話摘要和網站引發客戶的好奇心之後，就可以開始用幫潛在客戶解決問題的資訊啓發他們，並蒐集電子郵件。之後再用電子郵件進一步啓發他們，直到你開始要求他們承諾。

大多數人在網站部分都做得不錯，但行銷宣傳通常也到此爲止。

如果你沒有蒐集電子郵件地址，我大概能知道是爲什麼。你不想讓推銷打擾到別人；或者你不知道拿到電子郵件地址要做什麼；或者你不知道這些科技如何運作。這些都情有可原，但沒有一個足以證明，你不蒐集電子郵件地址和發送電子郵件是有理的。電子郵件行銷實在是成本低又獲利高，沒道理忽視。

如果你之前沒有蒐集電子郵件地址，請立刻開始。

但我們要怎樣蒐集電子郵件地址，才不會讓人反感呢？

關鍵在於提供有形、免費的價值，交換潛在客戶的聯絡資料。

這個年代，大家心理上認定的電子郵件地址價值，大概是十或二十美元。這表示，只有拿他們會以十或二十美元去買的東西做交換，他們才會願意給出電子郵件地址。也就是說，如果我們想要別人給出電子郵件地址，就得提供他們眞正想要或需要的東西。

幸好，你很可能是某個領域的專家，所以能提供別人會覺得有價值的資訊。如果你是牙醫，可能會知道五、六種方法能讓小孩愛上刷牙。父母會很樂於閱讀這樣的文章。如果你開寵物店，我敢說你一定知道，怎樣讓狗狗在主人進門時不往他們身上撲。狗主人會覺得這樣的資訊有價值。

如果你能用PDF或系列影片的形式，提供這些免費價值，交換電子郵件地址，人們下載後應該就不太會討厭你寄電子郵件給他們。再說，如果他們不喜歡的話，只要取消訂閱你的電子郵件就行。

不過，這裡的關鍵在於，提供高價值的東西。這個價值應該很明確，要能解決你的潛在客戶所面臨的問題。

你以前可能試過用發電子報的方式來蒐集電子郵件地址，可是沒人想訂閱你的電子報。爲什麼？因爲他們不知道你的電子報能解決哪種具體的問題。一個標題寫著「如何防止狗兒撲人」的ＰＤＦ，就能提供明確的價值。

不管你提供什麼，記得讓價值明確。

在創造能讓人願意用電子郵件地址交換的東西時，要遵守以下幾項規則：

①**要簡短：**你不必寫一整本書或拍一部紀錄片。

②**給個封面：**裝飾一下，讓它的外表看起來就像它的內容一樣有價值。光靠白紙是蒐集不到多少電子郵件地址。

③**要解決具體的問題：**人們願意用電子郵件地址，交換能減輕生活中挫折或痛苦的東西。

爲了啓發你的客戶了解產品，並進一步提高他們做出最終承諾的機率，就要利用幫忙客戶解決問題的資訊蒐集到的電子郵件，和他們持續建立關係與贏取信任。

★ **本日極簡商業課摘要**

電子郵件地址是行銷方案的第三個元素，創建幫客戶解決問題的資訊，蒐集電子郵件地址。

第36天 如何打造行銷宣傳

發送電子郵件給客戶

高明的行銷人以電子郵件宣傳，建立關係並成交。

多年前，我剛開始和妻子貝絲交往時，她給了我這輩子聽過最棒的行銷建言。她說：「唐，你是重視時間**質量**的男人，但我是重視時間**數量**的女人。」

她的建言當然不是針對行銷，而是約會。她是在告訴我如何贏得她的心。她不想要進展太快，希望給她時間。

更明確地說，她知道我是那種很清楚自己要什麼的堅定行動派。但這對她來說行不通。她要的是和我相處久一點，一起經歷過各種出乎意料的狀況，這樣她才知道自己找到什麼樣的人。聰明的女人。

不用說，我當然是放慢了腳步。我搬到她的城市，在她住處附近租了間房子，花了好幾個月坐在她的客廳，陪她和閨蜜翹蘭花指喝茶。是挺犧牲的，但我抱得美人歸。

多年後，我在分析資料時，發現客戶不會第一次上我們的網站就購買，甚至下載了幫助他們解決問題的資料後也不買，而是在數個月之後，接過幾十封包含有價值內容的電子郵件後才買，我深有體會：他們都是重視**時間數量**的顧客。他們需要一遍又一遍接收我們的訊息，才會信任。他們跟我的妻子一樣。

運用電子郵件宣傳，讓你有機會和客戶相處**大量**時間。慢慢的，經過了幾週、幾個月、甚至是幾年，客戶會習慣收到你的來信，接受免費的好處，進而開始信任你。信任當然就帶來了承諾。

在下載或觀看過你幫潛在客戶解決問題創建的資訊後，他們應該能持續從給了你的電子郵件地址中獲得極高的好處。你應該持續解決他們的問題，鼓勵他們，以及啓發他們知道你的產品。

當然了，你也想讓他們向你買東西。你要介紹能解決他們問題的產品。利用每一個PS（附帶一提）重複推薦，甚至是提供特惠。

向客戶要求承諾是件大事。做錯決定的話，他們很可能會白花錢，甚至覺得自己像傻瓜。我們不該在贏得客戶信任前就期待他們做出決定。

在提供爲潛在客戶創建的資訊之後，盡你所能地創造更多有價值的電子郵件，並與客戶保持聯繫。提供食譜、學習指南、DIY祕訣和想法觀點等，任何你認爲客戶會關心和感興趣的東西。

當你透過發送有價值的電子郵件和客戶保持聯繫後，他們就會信任你。等他們信任你了，就會做出承諾並下訂單。

★本日極簡商業課摘要

發送電子郵件行銷是行銷方案的第四個元素，利用這項做法贏得客戶信任，要求他們承諾。

價值驅動型專業人才

*精熟每一核心能力，提升個人可獲利價值

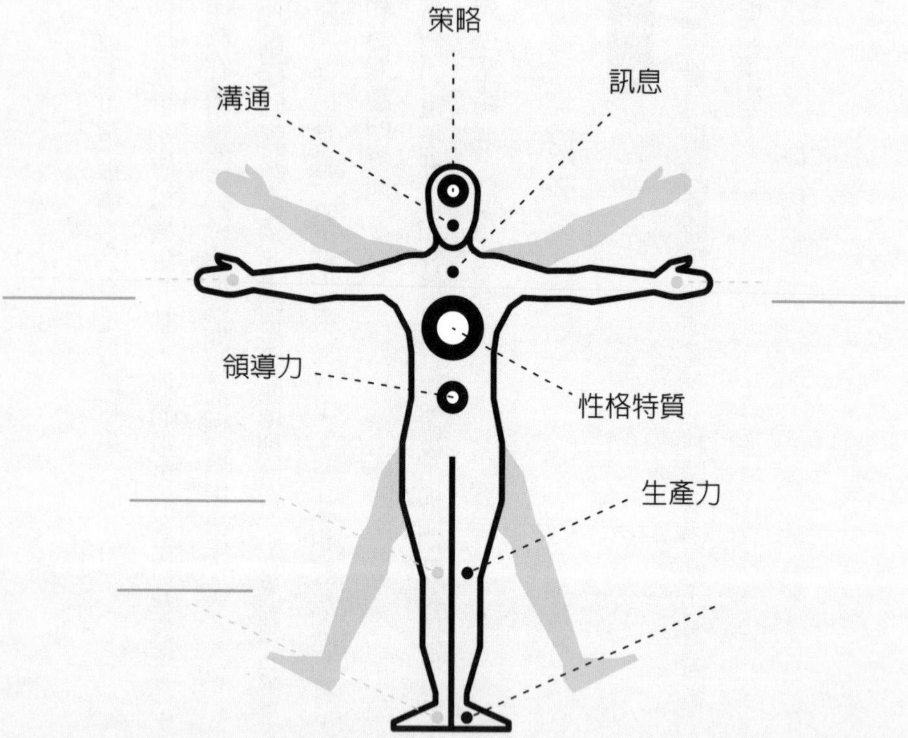

第七章

溝通至簡

如何成為傑出的溝通者

我們培養了有能力專業人才的性格特質，學會了以使命讓團隊團結一心，提高了生產力，明白了企業如何運作，能闡明訊息，也了解到如何建立銷售漏斗。現在讓我們花一點時間，成為出色的溝通者，學會做精采的演說。

不管你是要主持會議、提出計畫、發表主題演講，甚至是主持線上研討會，能在演說時抓住全場注意力的專業人才，一定會升職加薪。一個好的溝通者會被選為領導人。

令人遺憾的是，大部分的公司演說，都十分枯燥難捱。一張又一張條列重點的投影片，可以澆熄任何重要專案的衝勁。

不過，偶爾你會有幸聽到很有料又具啓發性的演說。但你不太確定是為什麼，只能猜想也許是講者本身就是很出色的溝通者。確實，這個人在公司中的名聲很快就會如此傳開——一位出色的溝通者。

但是，這個人的演說方式到底有哪裡不一樣呢？這種演說方式教得來、學得會嗎？

答案當然是肯定的。而且詳加解析這個人究竟做了哪些事後，你只會深感意外。事實上，這個人只是在一開始就用一個小小的技巧勾住聽眾，然後維持聽眾的興趣直到結束。

那麼，優秀的溝通者到底做了什麼，是其他溝通者沒做到的？

這很重要，因為如果想被賦予更多責任，我們就必須能在演說時牢牢抓住聽眾的注意力。即使只是在會議開始時做一則簡短摘要，我們的溝通技巧也應該毫無瑕疵。

要做出精采的演說就必須知道，有五個問題，是每個聽眾都暗自希望講者回答的。如果你沒能回答這五個問題，聽眾就會走神。如果你回答了，而且回答得充滿創意又令人難忘，聽眾就會喜歡你的演說。

你會覺得這些問題很熟悉，因為自從亞里斯多德寫出《詩學》一書後，人們就一直在問這些古老的問題。

即使古老，但當我們將好故事的元素應用在演說上時，就能和賣座電影編劇一樣得到一種結果：觀眾全心投入，獲得啓發。

這五個問題是：

①你要幫助觀眾解決什麼問題？
②你對這個問題的解決方法是什麼？
③如果採用你的解決方法，我的生活會變成什麼樣子？
④你希望聽眾接下來做什麼？
⑤你希望聽眾記住什麼？

許多溝通教練都會教你，在演講開頭時說個笑話、真情流露或深呼吸。這些建言都不錯，但都不是精采演說必備的要點。不管你是風趣、聰明、真情流露或機智，任何演說必備的要點，就是為聽眾回答這五個問題。能回答這些問題，你就贏了。

接下來四天，我會介紹「溝通至簡」框架，並傳授如何回答這五個問題，讓在座的觀眾對你的溝通能力大為嘆服。

第37天　如何成爲優秀的溝通者

做出精采的演講

一開頭就告訴聽眾，你會幫他們解決什麼問題。

我們多少都遇過以下情形：一走到人前，就忘了本來想好的開頭。就算演練過無數次，我們也不會知道，被那麼多雙眼睛盯著會讓自己那麼……沒安全感。所以我們就犯了新手講者易犯的重大失誤：用閒扯淡開始演講。

我們沒有以一個有力的句子開頭，而是聊一下天氣或咖啡，或者提到你眞沒想到，現場有一個大學畢業後就沒見過的同學，你們當年還一起上心理學入門：**記得提摩先生嗎？唉呀，他眞是好老師**。這時聽眾就開始走神了，因爲他們才不想知道你和現場的某人曾經是同學，也不覺得**提摩先生**有什麼有趣之處。

聽眾不會對你的演說感興趣，直到知道你會做一件事：幫他們解決問題。直到你說出能幫他們解決的問題之前，他們都會心想：

①這個演說是要做什麼？

②我們爲什麼要聽這場演說？

③這個講者有資格站在講台上嗎？

所有的好電影都從問題開始。之所以從問題開始，有個很好的理由。因爲問題就是故事吸引人的鉤子。ET能回家嗎？很難說，看下去你就知道了。

在你清楚提出問題之前，聽眾只會心不在焉地想著是否該認眞聽。請用問題做爲你演講的開頭。

你能幫我們挽救每年第四季營收下降的頹勢嗎？那你可以這樣開頭：「過去五年第四季營收都呈現下降走勢，所以大多數人都以爲這種下降在所難免。但我不這麼認爲。我認爲我們只要做三件事，就能提升第四季的營收。」

像這樣的陳述會立刻勾住全場注意力，讓人在你演說時全程側耳細聽。

在我談到用問題做開場時，大多數的演說者都不相信我。他們會接受我的建議，但並非照單全收。他們會在前十分鐘內說到問題，但他們不是用問題開場，而是先自我介紹。他們會說自己是誰，從哪裡來。

千萬不要。

別用自我介紹開場，請用問題。我到處演講，但從來沒有一次是用自我介紹開頭。我會在中途或最後自我介紹，或最好就讓主持人來介紹我。爲什麼？因爲在人們知道我能解決重要問題之前，爲什麼要假設有人想知道我是誰？

如果你用談論問題做爲演說的開場，就能勾起聽眾的注意。如果你不用問題做開頭，聽眾只會心不在焉地想他們是否該認眞聽。

★本日極簡商業課摘要

優秀溝通者的演說，會以他們能為聽衆解決的問題當開場。

第38天 如何成爲優秀的溝通者

創建細分要點

優秀溝通者一定會讓演說的所有細分要點，都落在演講的整體思路內。

在用你能幫聽眾解決的問題做爲演說開場後，如果能做到兩件事，他們就會繼續細聽：

①展示一套簡單的方案，幫助聽眾解決問題。
②將方案的每一個步驟做爲整體論述的次要情節。

故事會運用主要情節和次要情節來吸引聽眾的注意，所以如果你想在演講時保持聽眾的興致，演說就要包含主要情節和次要情節。

當你以清楚定義的問題開啓一個故事線時，就是定義了演說的主要情節。你演說的主要情節就是主題論述（controlling idea）。在你定義出要爲聽眾解決的問題後，演說的其餘部分，都要落在這個有待解決的主題內。

這不代表你不能在演說中塞進其他想法。只是你得想辦法，讓其他話題落在你的主要情節範圍內。

多年前，我受邀爲一位州長撰寫「州情咨文」的草稿。演講的開頭當然沒問題，我只要請州長言明他打算解決的問題。演說的中段，問題就比較大了。那場演講很長，涵蓋州政府的許多層面，包括預算方案。顯然不是好萊塢會演的那種故事。

此外，演講內容要足夠有趣，還要處處金句，這樣媒體才會樂於報導州長的政策故事。

那麼，我們要怎樣才能讓聽眾聽得興致盎然呢？

我們選擇把重點放在「兩大黨之間有太多歧見」這個問題。我們寫到，如果雙方能攜手合作會有多好。如果不能，人民會承受多少痛苦。

這就成了演講的主題論述：為什麼我們要解決政治歧見和分裂的問題。

從這一點出發，演講就能隨我們的心意發展，甚至是進入預算和超支的細枝末節，我都不擔心。只要主題論述是「如果我們能攜手合作協助人民，好事就會發生。如果不能，人們就會受苦」，演講的內容就能涵蓋任何話題，而故事依舊合理。

一旦我們選定問題（也稱爲演說的「主要情節」），接下來就要呈現方案。方案必須包含三項（最多四項）細分要點。

如果一項要點之下涵蓋超過四項細分要點，你的演說就會太拖。事實上，我建議最好不要超過三項細分要點。

那麼，什麼是細分要點？

基本上，細分要點就像是故事裡的次要情節。

次要情節就是……你在電視或電影裡看到的故事，都是由主要情節和次要情節構成。

舉例來說，電影的主要情節可能是一個特務要逃出外國，可是要從他的旅館房間，逃到等在前門的計程車上，而不被旅館大廳的密探發現，這就是次要情節。等這段次要情節結束，特務開著跑車飛車逃離，壞人騎著機車緊追在後的次要情節又隨之展開。

透過問一個有趣到足以讓我們關注兩小時的問題，故事的主要情節展開一個巨大的故事線。故事的次要情節，則是這兩小時內，被提出又獲得解答的小問題，讓觀眾感到好奇並推進故事。

【圖表7-1】是以書面呈現簡單的故事結構。

透過在主要情節之下，一段段次要情節的開展與結束，我們的演說就能串聯成一則前後一貫的故事。

如果你曾經在聽演說時覺得無聊至極，那很可能是因爲演說的細分要點並沒有像故事的次要情節一樣，呼應主要情節。

就劇本來說，每一幕都要讓主角更加靠近或遠離特定問題的解決方法。如果有一幕沒有落在主要情節的脈絡之內，那就得刪除，因爲觀眾會混淆，並對

圖表7-1 以書面呈現簡單的故事結構

主要情節：	主角必須找到並逮捕一名恐怖分子炸彈客。
次要情節：	主角必須找到建築物內的炸彈。
下一次要情節：	主角發現必須拆除的炸彈旁有一則謎語。
下一次要情節：	主角發現這則謎語是針對他的，這個炸彈客認識他。
下一次要情節：	主角解開謎語後，發現炸彈客原來是他哥哥。
下一次要情節：	主角必須找到已經二十多年沒見過面的哥哥。

演說就像是好萊塢電影，都由主要情節和次要情節串連。

主要情節：	民主黨和共和黨必須為了人民攜手合作。
次要情節：	我們必須攜手合作，打造教育平等。
下一次要情節：	我們必須攜手合作，解決醫療成本高昂的問題。
下一次要情節：	我們必須攜手合作，打造賦稅平等。

故事失去興趣。

好的演說要有一個主要情節，並配合三或四個次要情節，將故事不斷往最終的解決方法推進。這樣就能讓聽眾在你演說時，從頭到尾全神貫注。

★本日極簡商業課摘要

將演說分為主要情節和次要情節，並在開講之前掌握自己的主題論述。

第39天 如何成爲優秀的溝通者

預告高潮場景

優秀的溝通者透過預告高潮場景，告訴聽眾他們的生活能是什麼樣子。

好的故事永遠是往某個方向發展，而且這個方向通常要及早預告，讓聽眾知道他們會希望什麼事發生。

在電影《豪情好傢伙》中，我們都希望魯迪能在聖母大學的美式足球賽中出戰。在《羅密歐與茱麗葉》裡，我們都希望羅密歐和茱麗葉可以有情人終成眷屬。在《王者之聲：宣戰時刻》中，我們都希望喬治王可以克服口吃，順利演講。

任何好的故事都要朝向高潮場景邁進，因爲在高潮時刻，所有的緊張情勢都得以化解，聽眾可以體驗到度過難關的快樂。

因此，一個高明的溝通者，永遠會預告高潮場景，只要聽眾採行演說者所提出的要點，就能有此體驗。

約翰．甘迺迪勾勒了美國太空人漫步月球的高潮場景，如果想看到這一幕成眞，美國人民就得投他一票：「我們選擇在十年內登陸月球……」。邱吉爾描繪了一段高潮場景，只有在英國人民勇敢對抗希特勒才能成眞：「如果我們挺身反抗，全歐洲可能重獲自由，全世界的生活或許可以走進陽光普照的遼闊高地。」

全世界走進**陽光普照的遼闊高地**，就是預告中的高潮場景。

如果人們眞的按照我們演說中的要求去做，他們的生活會是什麼樣子？你是否描繪出一幅場景，讓聽眾得以想像更好的生活？如果沒有，你就是沒有在演說中預告高潮場景，聽眾也無從預見採納你的建言後更美好的未來。

記得在預告高潮場景時，一定要視覺化。你的高潮場景越難視覺化，對聽眾的吸引力就越小。

在演說中預告高潮場景，就是在激勵聽眾朝目標場景邁進。重點在於促使聽眾想讓目標場景成真。

★

本日極簡商業課摘要

在演說中預告高潮場景，就能激勵聽眾。

第40天 如何成爲優秀的溝通者

召喚聽衆採取行動

優秀的溝通者會在演說中納入強烈的行動召喚。

在一場精采的演說中，聽眾會受到激勵，進而採取行動。他們會想「做些什麼」，幫助實現太空人漫步月球，或看到全人類走上陽光普照的遼闊高地。但是，這些事是什麼？他們該做什麼？投票嗎？反抗嗎？誰來告訴我？

優秀的溝通者會在演說中納入強烈的行動召喚，讓聽眾能會意地爲他們力推的有意義計畫做出貢獻。

要在演說中納入行動召喚的主要原因在於，一般而言，除非受到挑戰，不然人是不會採取行動的。

在故事中，主角通常是被突發事件逼著去採取行動。他們的愛犬被綁架了，或他們的老公被變成狼人了！

演說中強烈的行動召喚，作用就有如這些突發事件，它挑戰聽眾去做某件事，而且是一件明確的事。

納入強烈行動召喚的另一理由，是因爲唯有當人們採取行動，才會讓他們眞正相信這個想法。

你可以稱之爲「利益攸關」（skin in the game），也就是當你要求聽眾爲一個想法或方案而犧牲，他們才會開始把這個想法或方案變成自己的。

小心別讓你的行動召喚模稜兩可，一定要很明確。

如果你在找加油站而向陌生人問路，如果他們說：**「當然，附近有一間加油站」**，這顯然毫無幫助。明確的指示像是：**「再過三條街的右手邊有一間加油站」**，就能幫上大忙。

要求聽眾**更注意或更關心他人**，就不是一個足夠明確的行動召喚。相反的，你應該要求他們做出明確舉動，像是打電話給他們的國會議員，你還要把這名議員的電話號碼放在身後的螢幕上。

如果你是在做銷售簡報，行動召喚應該就是下訂單或安排時間致電。如果你是在做企業內部簡報，行動召喚也許是成立研究團隊或拋售某一部門。總之，行動召喚必須明確。

在我們辦公室裡，每個人創作內容時經常重複一句話：別讓讀者還得做一堆數學計算。

這句話的意思是，別讓人還得揣摩你想叫他們做什麼。直接說出來，而且是一清二楚地說出來。

★

本日極簡商業課摘要

在演說中納入強烈的行動召喚，聽衆才會把你提出的想法當成自己的。

第41天 如何成爲優秀的溝通者

決定演講的主題

優秀的溝通者在演説結束時會聲明主題。

多年前，我請了一名演講教練，幫助我改善即將發表的一場演講。他來到我的辦公室，我們花了兩天時間，把我之前一場演講的錄影看了上百次。在上課之前，我自以爲演講得相當出色，畢竟觀眾還起立鼓掌了。但出乎我意料之外，教練給了我一大堆建議。事實證明，我的演講只是還可以。

我學到很多，其中有許多都在我的BMSU學習平台「溝通至簡」課程裡教授了。但他給我最棒的忠告就是：下台前說的最後一句話，要無比堅定。

他說：「別人記得最清楚的，是你的最後一句話。它就像鐘聲一樣，會在他們心中迴盪一小時以上。」

這對我是很有用的建言。事實上，長期以來，我的演說結尾辭通常是隨興發揮。我會謝謝聽眾或主持人，或者用回答最後一個問題爲提問時間收尾，然後道晚安，走下台。

和這位演講教練學習後，我開始演練每一場演說的最後一句話。我想讓這句話在觀眾心中像鐘聲般迴響一個小時以上，那正是我想要的效果。

這當然就帶出一個問題：你的最後一句話該是關於什麼？你該說什麼？最有力的演說結尾句，應該是你談論的主題。

主題這個概念，同樣出自古老的故事公式。許多作家都認爲，所有的故事都源自主題。主題就是**這個故事是關於什麼**或**故事的主旨是什麼**。

比方說，在《羅密歐與茱麗葉》中，主題是**爲愛值得一死**。在《飢餓遊戲》裡，也許是**爲人類的自由與尊嚴值得一戰**。

如同好故事，你的演說也可以有一個主題。要找出你的主題，就問自己：爲什麼這場演說很重要？是因爲第四季投入的心血不該白費嗎？或者主題是**客**

戶不該爲草坪養護多花錢，因爲……？

在先前提到的那場州長演講中，主題是**人民不該因爲共和黨及民主黨立法者之間不合而受苦**。

在演說的最後聲明主題，能讓你確實地告訴聽眾這場演講到底是在說什麼。如果你沒有聲明主題，就等於是要聽眾自行揣測。除非你明確說出主題，否則他們應該是不會去猜你的言論主旨是什麼。這也就意味著，你不會被人們當成一個好演說者般記住。

你該如何決定演說主題？很簡單。填入下列空格就行了：

我的演說重點是＿＿＿＿＿＿＿＿＿＿。

在演講時多次重複這點，當然，也要記得用這個句子做結尾，聽眾離場時就會很清楚你想要傳達的是什麼。令人遺憾的是，大多數聽眾其實都不知道講者到底想說什麼。他們只是聽到笑話就笑，聽到令人感傷的故事就跟著嘆幾聲，之後全都忘光光了。

當你找到自己演說的主題後，記得用它做爲收尾的最後一句話。你希望這個主題能讓聽眾聽完後永遠記得。

事實上，我通常會在演講過程中多次重複主題，當然，我會格外注意在演說的結尾清楚地再次陳述。

★ **本日極簡商業課摘要**

以聲明主題做為演說結尾，讓聽衆知道為何你的演說很重要。

價值驅動型專業人才

*精熟每一核心能力，提升個人可獲利價值

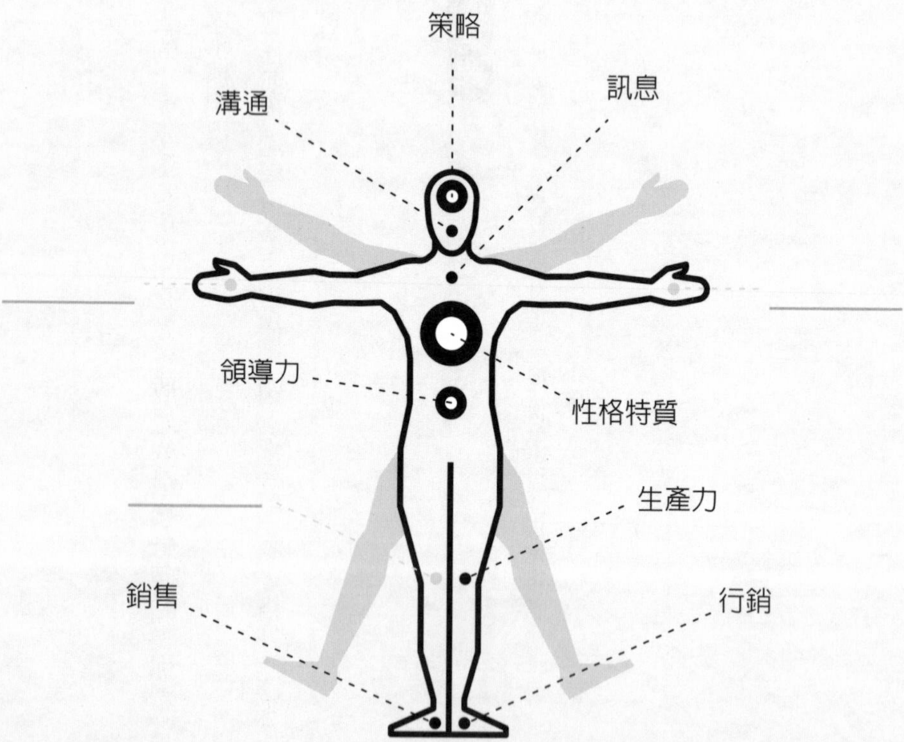

第八章

銷售至簡

讓客戶成為故事中的主角，達成更多交易

我們培養了有能力的專業人才的性格特質，學會了以使命讓團隊團結一心，提高了生產力，能夠闡明訊息，也了解到銷售漏斗的要素，成爲了出色的溝通者。現在讓我們來談如何建立銷售系統。

無論你是經營公司或修剪草坪，任何懂銷售的專業人才，都能大幅提升自己在組織內的價值。

所謂的銷售，其實就是清楚地向一個人解釋，你的產品或服務能如何解決他的問題，然後引導他走過一套流程，最終做出購買。

大多數人都以爲銷售是「說動一個人買他不想要的東西」，但是這種說服的做法只能奏效一次，你能賣給這個人的產品只會有這次這一件，之後他就會謝絕往來了。

人都很討厭強迫購買。他們也許會順從，但順從本身就是一種反抗，因爲這是擺脫銷售人員最快的方式。許多人開著新車離開車行時，心裡想的都是以後再也不會跟那個人買東西了。

相反的，優秀的銷售人員會按一套框架行事，他們會邀請客戶進入一個故事，在故事中客戶能解決問題，在過程中還能對自身感到滿意。

優秀的銷售人員會讓客戶成爲主角，並幫助主角贏得勝利。

在接下來五天，我會介紹「銷售至簡」框架，它會大幅提升你將潛在客戶轉變成購買者的數量，同時也讓你贏得更多客戶的尊重和欣賞。

一旦學會這套框架，就能知道你與每一位客戶目前正處於哪個銷售階段，進而提供對方需要的協助。你也會擁有一套能賣出東西的銷售過程。很快的，你就會無比期待開發新的潛在客戶，因爲知道當中有可觀的比例，會轉化爲實際付錢的客戶。

讓客戶成爲故事中的主角，正是幫助更多人並做成更多交易的關鍵。

第42天 如何銷售

驗證潛在客戶的條件

選擇適合的角色：驗證潛在客户的條件。

多年前，我和人合寫了一部電影劇本，導演邀請我一同選角。我們坐下來看了幾個小時的試鏡影片，候選演員會念台詞並演出劇中情節。

在這之前，我一直以爲導演只要挑出最好的演員就行了，但事實並非如此。事實上，導演選的是適合該角色的演員，但這不一定是最好的演員。有些演員也許更出色，但太高、太老或太誇張等等。也就是說，導演要挑的，是最契合劇中角色的演員。

在銷售上同樣如此。銷售時，你就是在邀請一個角色進入故事，在這個故事當中，他們的問題會獲得解決，會轉變成一個更好、能力更具足的自己。不過，這就表示，不是每個人都適合這個角色。

在銷售中，我們稱之爲「驗證潛在客戶的條件」。這名客戶是否遇上我們的產品能解決的問題？客戶是否買得起這套解決方案？客戶是否有權買下我們的產品？

對銷售人員來說，很重要的一點是，要有一張驗證清單在手，協助他們判斷該爲故事選出哪些演員。因爲萬一你選角不當，故事就很難成功。

在我的公司，有一位全職的團隊成員，唯一的職責就是驗證潛在客戶的條件。爲什麼？因爲和一個不符條件的潛在客戶進入銷售過程，只會白費客戶的時間、銷售團隊的時間，也浪費你和公司的錢。

銷售其實就是要管理好自己的時間精力。和不符條件的潛在客戶白費唇舌的時間，還不如拿來趴在桌子上睡覺。畢竟，研究證實睡眠對於提升表現很有幫助，而被不符條件的客戶拒絕，只是自找罪受。

那麼，怎樣是符合條件的潛在客戶呢？如上所述，符合條件的潛在客戶應該符合以下三個標準：

①他們遇上你的產品能解決的問題。

②他們買得起你的產品。

③他們有權買下你的產品。

如果這個潛在客戶沒有苦於你能解決的問題，就該找下一位潛在客戶。不過，想判定這一點，你必須徹底了解自家產品到底能解決哪些問題，並發展出一系列提問，用來評估潛在客戶是否遇上這些問題。他們的保險該續約了嗎？他們是否有徵才上的困難，而且團隊裡沒有人資員工？他們是否觸犯了某一條法規？

要發展出一系列的提問，用來判定客戶是否需要你的產品，否則就只會白費工夫。

接下來，你要知道潛在客戶是否買得起你的產品。像是「你目前在行銷方面投資多少？」或是「你目前爲影印服務支出多少？」都是很合理的問題，可以知道潛在客戶的預算限制，是否足以購買你的產品。

如果這名客戶買不起你的產品，那就禮貌地道別，另找更符合條件的潛在客戶。

最後，許多潛在客戶需要你的產品，甚至也買得起，卻無權買下。如果是這樣的話，你要做的事，就是和眞正有權採購的人建立關係。

問你的潛在客戶，他們是否有權做出決策。如果沒有，請他們將你介紹給有決定權的人。依你的產品價格高低而定，邀請不符條件的潛在客戶共進午餐，並請他們帶符合條件的潛在客戶過來，也許不失爲成功的一步。

關鍵在於，在展開銷售過程之前，確定自己找到的是合適人選。合適的人選應該是碰到了你的產品能解決的問題，可以買得起，而且有權買下。

每個銷售人員都應該有一長串符合條件的潛在客戶名單。每一個潛在客戶，都是你能邀請進故事裡的候選角色。把這份符合條件的潛在客戶名單，看成是故事的候選角色名單。當然，你還沒有眞正邀請他們進入故事，但已經完成了關鍵工作，排除掉所有不適合該角色的人選。光是這個階段就可以讓你省下數百、甚至數千小時的時間，讓你可以放心力在解決客戶的問題，改變他們的生活。

接下來就邀請你的潛在客戶，進入你希望他們活出的故事吧。

★ 本日極簡商業課摘要

擬定可以驗證潛在客戶條件的標準，這樣你才能邀請他們進入故事，解決他們的問題，改變他們的生活。

第43天 如何銷售

邀請客戶進入故事

帶領符合條件的潛在客户，進入你的產品或服務能實現的故事情節中。

現在你已經選出了故事的角色人選，現在該邀請他們實際進入故事了。

幾乎每個故事都有五個環節：主角遇上問題；這問題讓他們深感挫折，不得不採取行動；然後他們遇見引導者，他擁有某種方案或工具能幫助自己；他們開始相信這個解決方案；最後他們採取行動解決問題。

所以，想讓符合條件的潛在客戶感興趣並走入故事中，你只需要將故事展開在他們眼前。

爲了替每一位客戶量身打造故事情節，你需要以下公式：

①我知道你正面臨問題X。
②我知道問題X讓你感到挫折Y。
③我們的產品或服務能解決問題X，進而消除挫折Y。
④我們曾經幫助過數百位有問題X的客戶，這是他們的成果。
⑤讓我們打造出一個步驟分明的方案，解決你的問題和挫折。

數千年來，這套公式一直被用來講故事，因爲人類大腦能理解這套公式，也被它吸引。所以，如果人類大腦可以理解這套公式，又被它吸引，你就該用這套公式來邀請客戶進入故事。在故事當中，他們透過購買你的產品，使問題得到解決。

隨著對這套框架的了解更加透徹，你將學會在邀請客戶進入的故事中嚴加自律。太多銷售人員在銷售時太專注細節，忘記大方向，這就是爲什麼他們達成的交易不多。

與其在客戶生日時寄禮物、感謝卡、致電祝福，最好還是扎扎實實地做好基本功，找出客戶的問題，傾聽他們的問題造成什麼挫折，然後引導他們解決這些問題。

優秀銷售人員的目標不應該是討人喜歡，而是讓人信任。我們喜歡任何對我們好的人，但會信任和敬重能幫助我們解決問題、消除挫折的人。

在和潛在客戶談話時，你是否能清楚看出並清晰地解釋，你要邀請他們進入的故事？你是否能依他們各自的狀況和痛點，量身打造一個故事？你在交流時是否以故事做爲邀請，以解決他們的問題，進而改變生活？

如果不是的話，請用上述五個環節的公式，爲你的客戶描繪故事，然後開始邀請他們來解決問題。如果付諸實行，就會發現你贏得的敬重與信任，會隨著業績一起高漲。

★本日極簡商業課摘要

找出客戶的問題，並邀請他們進入能解決自己問題的故事。

第44天 如何銷售

重複談話要點

扮演引導者，熟悉你的台詞。

大多數潛在客戶如果不購買，都不是因爲銷售人員不夠迷人、不夠友善或不太能激勵人心。他們不購買，是因爲銷售人員沒能引導他們走向可以解決自己問題的解決方法。

要怎麼做才能提高銷售？我們可以扮演引導者。

現在你已經知道，每個故事都有這樣一個角色。你也知道，只要事關銷售，客戶就是主角。客戶才是故事的主角。儘管如此，我們在故事中仍扮演重要角色，我們扮演的是引導者。

在《星際大戰》中，歐比王是天行者路克的引導者。在《飢餓遊戲》裡，黑密契是凱妮絲的引導者。你則是客戶的引導者。

那麼，引導者會做什麼事呢？這個嘛，就銷售而言，引導者會做三件事：

①提醒主角這個故事的重點。

②交給主角一個方案，解決他們的問題並獲得最終勝利。

③預告故事的高潮場景。

爲了扮演好引導者，我們必須不斷提醒客戶故事的重點，並邀請他們進入故事，讓他們能體驗到正向的解決方法。

引導者要記好自己的台詞，而且要一再重複。提醒客戶故事的重點，並提供一份符合談話要點的方案。

如果我在賣兒童遊樂場設備，而我的客戶是當地的教堂，那我的台詞可能如下：

我知道你們正在想辦法讓教堂更能吸引社區居民，但要傳達出教堂是多麼歡迎大家，確實不容易。在你們裝設好遊樂場，並邀請社區民眾參與盛大的啓用典禮後，就能發出溫暖人心的訊息，會有更多居民覺得與教會有連結。我認爲這會吸引更多人走進教堂，也會改變很多人的生活。

看出其中的故事、方案和高潮場景了嗎？

- **問題：**社區居民不去教堂，因爲他們覺得教堂沒有吸引力。
- **方案：**打造遊樂場，邀請社區居民參加盛大的啓用典禮。
- **高潮場景：**更多人走進教堂，也會改變很多人的生活。

這些台詞，或是其他變化版本，就是引導者的談話要點。

記住你的談話要點

邀請客戶進入故事的關鍵，就是想好你的談話要點，然後在午餐約會、電子郵件、提案、電話和其他形式中一再重複。

許多銷售人員花了大把時間，試圖和客戶打好關係。這樣是很好，但身爲銷售人員，我們的工作是要解決問題並改變生活。而且老實說，沒有什麼比解決問題並改變生活，能更快和對方打好關係了。

當然，如果你只是一再重複同樣的台詞，卻沒有配合有意義的對話，是有可能讓人感到厭煩。但爲每一位潛在客戶都事先準備好談話要點，好處在於：這可以讓你與客戶相處的大部分時間，都用在談論其他事。這樣一來，你就能把八〇%的時間用來建立眞誠的關係，剩下二〇%的溝通時間，才用來強調談話要點，並邀請客戶進入一個明確且吸引人的故事中。

和客戶在一起的時候，以談話要點做爲開場和結尾是個好辦法，這樣能確保客戶很清楚你要邀請他們進入的故事。

就像要發表重要演說或接受採訪的領導人一樣，優秀的銷售人員也會事先記熟談話要點，並一再重複。這樣一來，客戶就會認出這個銷售人員是他們生活中的引導者，發現自己被邀請進入一個吸引人的故事中，並買下能解決自己問題的產品。

永遠記得：客戶才是主角，他們正在尋找一個能邀請自己進入故事的引導者。這才是身爲銷售人員的職責所在。

★ **本日極簡商業課摘要**

事先準備好能邀請客戶進入故事的談話要點，並在溝通過程中一再重複。

第45天 如何銷售

提供有吸引力的提案

運用故事書的公式呈現提案。

很多銷售人員會在倉促寄出的電子郵件中，以分點的方式寫提案摘要，然後在被客戶拒絕後深感意外。

客戶通常會把不採購的決定，歸咎於價格、競爭、行程表和預算考量等等。但我懷疑這些理由都不盡正確。

事實是，客戶很可能是對交易結果及能從中得到什麼感到困惑。人們永遠會拒絕令人困惑的提案。

因此，請在提案、文宣、甚至是影片中，將故事要點化爲白紙黑字。

在銷售時，在我們知道客戶的問題，提出方案，預告他們生活的高潮場景後，不該假設他們會記得我們說的每一個字，或是會做筆記，並花數小時研究我們的提案。更有可能的是，他們和我們聊得很開心，也深受邀請話的吸引，可是回家後就忘掉細節了。

所以，在做決定時，他們會舉棋不定。

每次只要有客戶說他們要想一想，之後再回覆你，你可能就以為這表示他們拒絕了你。事實上，我認為這根本不是拒絕。他們要說的其實是：「等我想清楚再回答你。」只可惜，這樣的清楚永遠不會到來。為什麼？因為你沒有把它化為一份有趣的文件，幫助他們詳讀與評估。

所以一份好的提案、文宣、網站、影片或任何用來協助成交的銷售素材，非常重要。

人都不喜歡身陷迷霧中。內在生存機制，要我們待在沒有威脅的環境中，而迷霧裡有太多讓人捉摸不透的事了。

在思想的領域上也是如此。如果我們搞不清楚未來走向、某人的意圖，甚至不知道自己下一步該怎麼做，大腦就會察覺到心智迷霧，然後退縮。

一流的銷售人員會準備好提案範本，再為每位客戶量身調整每一份提案。他們會深思熟慮地呈現出客戶的問題、討論的具體方案，以及邁向高潮場景的強烈行動召喚。

以下是一份好提案的範本：

①客戶的問題。
②能解決問題的產品。
③將解決方案（產品）應用在客戶生活中的方案。
④價格與選擇。
⑤高潮場景（問題解決後的成果）。

這是一套簡單的故事公式，和童書裡用的差不多，簡單易懂。這樣的呈現方式也使當中的前提（產品能解決客戶的問題）易於理解。

提案、產品或影片中用這種形式呈現客戶的故事，最簡單明瞭，不會造成迷霧或困惑，也就比較可能成交。

提案看似過時、速度慢又沒必要，但事實上，這對客戶是很好的服務，而且能促成交易。

一流的銷售人員會利用閒暇時間檢視自己的資料庫，回想客戶的問題及對解決方案的需求，然後寫成量身打造的提案，供客戶審閱。這樣的銷售人員能創造比其他人更多的業績。爲什麼？因爲他們花時間將客戶的故事化爲白紙黑字，使他們希望客戶做出的決定顯得無比清晰。

★本日極簡商業課摘要

運用提案或其他銷售素材，將客戶的故事化為白紙黑字，讓客戶擁有一份能減輕困惑、幫助他們做出決定的文件。

第46天 如何銷售

如何成交

出色的銷售專業人士會自信地召喚客户行動。

我高中時認識一個男同學，他總是能約到漂亮女孩。他會彬彬有禮地走向她們，和她們聊天，逗她們發笑，如果對她們感興趣，就會約出去。他一點不害怕，女孩們也很欣賞這一點。她們喜歡他這種輕鬆風趣的態度，不會讓她們覺得有壓力。就算對方拒絕，他也絲毫不以爲意。他瀟脫的樣子，讓女孩們不會因爲讓他不好受而過意不去，這就讓她們更欣賞他了。

至於我和我朋友呢？我們在剛開始約會時就如臨大敵，以爲如果開口約一個女生出去，而她拒絕了，就再也不會跟我們講話，或者會去跟朋友說我們是討厭鬼。所以我們會試圖打探情況，問一些令人困惑的問題，像是她用什麼洗髮精？蝴蝶結是自己綁的嗎？以及其他你想約人出去時會問出的最爛問題。

有一次我們問這位朋友，他是怎麼做到能大膽地和女生說話，他笑一笑說：**「兄弟，別搞得太沉重就好了。」**

這不光是約會的好建議，對人生也是良言。

我花了好幾年才明白，約會就只是約會，被拒絕是生活的一部分，沒人應該因此心情不好。

我認爲，這對銷售同樣適用。人們之所以對約會感到緊張，和一些銷售人員對成交步驟深感畏懼，是出於同一理由：他們害怕遭拒絕，把事情看得太沉重了。

事實上，如果你不是一個討厭鬼，而是極爲敬重地對待別人，也相信你能對身邊的人有益，那麼銷售互動就不該是一件沉重的事。

銷售是生活的一部分，沒有必要覺得尷尬。當我們完全以銷售人員的身分生活，告訴每個人我們賣什麼、我們的產品能解決什麼問題，並請人們向朋友介紹我們的產品，我們的銷售工作就能做得更好。

如果我們想成爲一流的銷售人員，就要克服被拒絕的恐懼。

在銷售過程中，最重要的部分就是召喚行動。每個銷售人員都知道這一點。但只有銷售專業人才熱愛這種行動召喚，將它視爲對世界的服務，也不會看得太沉重，才能眞正成交。

當我在和潛在客戶（有時是朋友、家人或公車司機）說話時，常掛在嘴邊的話是：「有人需要你幫助他們成長，因爲他們無法負擔回學校進修的費用。你應該讓他們來上我的『極簡商業課』線上學習平台。他們會成爲出色的商業人才，也會感受到你的關愛。」

我爲什麼要不斷推銷自己的產品？因爲我花了好幾年在大學裡苦苦摸索，卻學不到要在組織內成爲有價值的人才時眞正需要學的東西。在從書本、朋友及失敗中學到實際知識，並成爲一個成功的企業主之後，我想讓別人少走一些彎路。我相信自己的產品、相信自己能解決世界上的一個嚴重問題，所以我不怯於讓別人知道。

簡而言之，我相信自己能邀請人進入一個故事，然後改變他們的生活。那我爲什麼要覺得不好意思呢？

你相信自己銷售的產品嗎？你相信自己能解決客戶的問題，並改變他們的生活嗎？如果你不相信，辭職吧。我說眞的。離開這家公司，另外找一個你相信的使命。

就算我花一整天教你一套銷售流程，但如果你不相信自己或你的產品，那就根本沒用。

大多數銷售人員在成交步驟面臨的問題，都是心理上的。他們的問題源自把被拒絕看得太嚴重，所以銷售對話就變得畏畏縮縮。他們的問題出在不相信自己，也源自於不相信自己的產品。

當相信自己和自己的產品，我們就不會帶著恐懼採取行動。相反的，我們會帶著自信召喚客戶行動。

★本日極簡商業課摘要

不要害怕被拒絕，要帶著自信召喚客戶行動。

價值驅動型專業人才

*精熟每一核心能力，提升個人可獲利價值

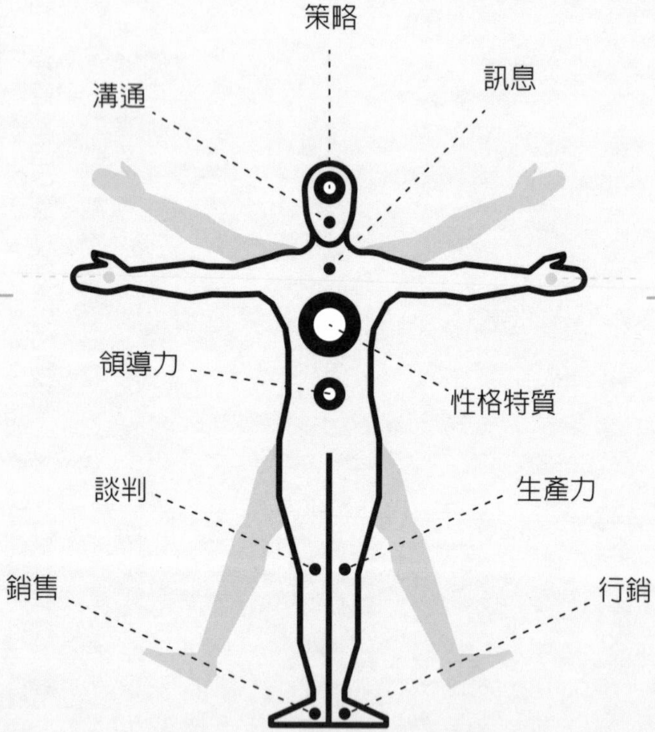

第九章

談判至簡

了解談判框架，成為高明的談判者

我們培養了有能力的專業人才的性格特質，學會以使命讓團隊團結一心，提高了生產力，闡明了訊息，理解了銷售漏斗的要素，成爲了出色的溝通者，也學到了如何銷售。現在讓我們來學習如何成爲高明的談判者。

每個職場人士其實都不斷在談判，不管他們是否意識到這件事。他們會和上級談薪水、和助理談行程、和供應商談合約，甚至是和朋友談中午該吃哪一間餐廳。

只要發現自己爲了爭取到一筆訂單或解決問題，要做策略式溝通，你就是在談判。

高明的談判者每年能爲公司賺進或省下數百萬。因此，了解談判框架的團隊成員，能大幅提升自身在組織內的價值。

遺憾的是，大多數專業人士在談判時，根本沒意識到自己在談判。當他們發現對話中牽涉到決定時，還會以爲自己只是在談話。因此，大多數專業人士都無法爲自己或任職的公司得到想要的。

只有不到一〇%的在職專業人士，曾上過談判課程。對我們其他人來說，這提供了一個可以提升個人可獲利價值的策略機會。

在極簡商業課學習平台上，教授「談判至簡」課程的約翰．羅利（John Lowry）說，如果你沒有一套策略式談判框架可用，很可能就會輸。

他說得對。

在談判時，不要信任直覺。請信任經證實有效的流程。

羅利在極簡商業課平台和佩珀代因法學院教授的談判課程，提出了許多論點，在接下來四天，我會介紹當中的四點。

羅利的課，我上過三次，每一次都會學到新東西。事實上，我在談合約時運用他教授的幾招妙計，因此賺進了數百萬美元。

從羅利的課程中，我挑選出自己最愛的四大要點，因為它們直接讓我賺進或省下金錢。如果能徹底理解這四個要點，你的談判能力應該可以勝過周遭所有人。而一個高明的談判者，是任何團隊都看重的成員。

第47天　如何談判

談判的兩種類型

高明的談判者了解談判有兩種類型：合作與競爭。

不是每個人都對談判有相同看法。有些談判模式開展起來就是有輸家與贏家，有些則是在過程中試圖尋找雙贏之道。

事實上，在長期談判中，談判模式可能會從雙贏轉變爲有贏有輸，如果你沒能察覺到模式已經轉變，在談判中肯定會吃虧。

有贏有輸的談判模式稱爲「競爭」，而雙贏的談判模式稱爲「合作」。

關於談判的一項通則是，如果一方是競爭者、另一方是合作者，那麼競爭性談判技巧會獲勝，而合作者會失敗。幾乎總是如此。

但這不代表競爭性的談判者總是贏家。只要兩個談判者進入一場談判，就必然有一方輸，另一方贏。

在競爭模式下，談判者不只是想對結果感到滿意，他們還要你對結果不滿意。也就是說，在競爭模式下，要一直到你輸了，談判者才會覺得自己贏了。

而在合作模式下，談判要的是雙方都能從協議中獲益。

所以，規則如下：如果你處於合作談判模式，但察覺到與自己談判的人處於競爭模式，那就應該立即切換到競爭模式。爲什麼？因爲他們不是在尋求雙贏。爲了創造雙贏局面，就需要他們進入你的合作模式。

所以到底該怎麼做？這個嘛，我先前進行過一場談判，要購買商業地產。我的預設談判模式是合作，所以一直在尋找雙贏的方案。可是，和我談判的團隊顯然沒興趣知道我想要什麼，只想得到他們想要的東西，所以我迅速切換爲競爭模式。我們在價格上你來我往，直到價格最終降到我想要的數字。但我並沒有和他們握手說「這是雙贏」，而是讓他們知道這是一大筆錢，我必須做出重大犧牲才能拿出來。我讓他們知道我希望價格更低，並再次詢問他們是否可以降價。他們拒絕了。所以我同意了這筆交易。

不讓對方知道我已經拿到想要的價格，爲什麼對我很重要？因爲如果他知道我們雙方都贏了，就會抬價。競爭性的談判者要你輸，所以如果讓他們知道你輸了什麼才達成這筆交易，他們就會滿意了。

這算欺騙嗎？我不這麼認爲。事實上，我的確得做出犧牲才能完成這筆交易，我當然也很希望能以更低的價格買下建物，但如果他們希望我對這筆交易感到不快，何不滿足他們的願望呢？畢竟，只有這樣我們雙方才能達成交易。記住，在競爭模式下，談判對手只有在確定你輸了以後才會罷休。

這裡談的其實就是：創造一個假的談判底線。

在競爭模式下，競爭性談判者會不斷壓低價格，直到你降到不能再降。一旦你發現談判走向競爭模式，一定要讓他們知道你再也降不下去了，這樣他們才會覺得自己贏了。

但這得附帶警語：別太天眞。在競爭模式中，談判對手希望你輸。在合作模式中，談判者希望雙方都贏。沒有哪一個模式比較好，兩者都可行。但如果你是處於合作模式，而對方是競爭模式，那除非對狀況有所警覺，不然你會是輸家。

永遠要認清與你談判的人處於哪一種談判模式，並順勢應對。

★本日極簡商業課摘要

永遠要認清自己是身處競爭或合作的談判模式中，並順勢調整。

第48天 如何談判

提供額外利益

高明的談判者能提供額外利益。

不是所有談判都是理性的。人是很複雜的，有時候情緒問題會影響到談判。人們會受到很多事刺激，不只是金錢。

在公司的草創期間，我得設法吸引一流人才，但他們通常只想到較大的公司工作。所以我開始列出加入我們團隊的「其他好處」。第一點是我們顯然擁有深具意義的使命，這對他們很具吸引力。另一個理由是，我們對每一個職位，都能提供比薪水更有價值的東西。我們可以提供一個小平台，讓他們能提升個人的影響力，或是可以在家工作、有機會與高績效團隊共事。我們之所以能早早就打造出如此優秀的團隊，原因之一就是：強調了加入團隊能獲得的額外機會。

教授「談判至簡」課程的羅利稱它是「提供額外利益」。

在談判時，自問還有什麼其他因素能發揮影響。賣家是否希望把車子賣給能像她一樣愛護與照顧它的人？如果你是會好好照顧車子的買家，記得要清楚說明自己會如何延續過去的做法。如果買家知道，這罐花生醬和貓王死前吃的是同一款，他們會不會願意多付點錢？如果對方是貓王的狂熱粉絲，這絕對是你不可不提的重要「額外利益」！

有一次在談判一份大型商業合約時，我創造了雙贏局面，成功邀請到一位知名講者到我的活動上演講。交換條件就是，我會協助他們琢磨演講內容，以利之後集結成書。講者是因為我能付他們高薪才來的嗎？不是，他們來是因為我可以協助他們審視自己的素材和將來的手稿。

羅利是對的。在談判中，絕大部分都會有一些額外利益。高明的談判者必須了解，談判不只是關於數字，而是要讓人對交易結果感到滿意。這也包括了情緒上的滿足。

你是否養成在談判中尋找額外利益的習慣呢？

★

本日極簡商業課摘要

談判時，尋找你能提供給對方的額外利益，使交易更令人滿意，進而促成交易。

第49天 如何談判

先出價

高明的談判者先出價，定下談判的錨定點。

關於是否該先出價，談判學者的看法不一。不贊成先出價的邏輯如下：如果你等對方先開口，就能知道對方想要什麼，也可以發現促成交易的線索。

這言之有理，因爲你通常不會知道對方考量的範圍有多大。但是如果你讓對方先出價，就會失去我認爲更有價值的東西：定下談判錨定點的機會。

定下談判的錨定點就是，你把一個數字攤在桌上，希望之後的談判都繞著這個數字打轉。

舉例來說，如果你要買一輛新車，車商貼在玻璃上的價格，最後的成交價差不多就會非常接近這個錨定價格了。如果車子的定價是三萬五千美元，而你把價格壓到三萬四千美元，就會覺得自己省了一千美元。但如果開價（貼在車上的價格）其實比車商願意接受的價格還高五千美元呢？這表示車商賣給你三萬四千美元，其實還是多賺了四千美元。

所以，如果是由你先開價，從那一刻起，你就爲接下來的談判設定了錨定點。這是一種策略性優勢。

不過有時候你沒辦法先出價。就以房地產和汽車來說吧，在你們開始談判之前，早就已經定好了開價。如果是這樣的話，你可以用「提出買方還價」來調整談判的重心，讓它更有利於你。買方還價雖然不如開價那麼有力，但還是有用的。

有時，掌握能讓談判重心有利自己的資訊，也能使整個對話重新定錨。我有個在汽車業工作的朋友，先前到高檔車車商那裡買新車。我朋友是賣軟體的，很多車商都用他的軟體來清點存貨。銷售人員說定價是九萬美元，我朋友拿出一張這個車款的報表，說車商的進價是六萬美元，他覺得七萬美元算是合理的價格，車商可以賺一萬美元。這則資訊讓談判重心重新設定爲對我朋友有利。最後他用七萬二千美元買到了定價九萬美元的車。

不管你是否能先出價，透過將每一次的報價想成會影響錨定點的數字，就可以讓交易偏向你覺得滿意的方案。

★本日極簡商業課摘要

先出價，為接下來的談判定下錨定點。

第50天 如何談判

避免情緒化

高明的談判者會轉移關注焦點，以免被情緒牽著走。

前文曾經提過，人們在談判時並非全然理性。因此，在我們爲想要的東西談判時，要小心別被情緒牽著走，以免做出不當決策。

在談判時，我們都曾經發現自己太過在意想透過談判獲得的東西。不管是房子、車子、新的團隊成員、甚至是關係，談判的主控權會突然轉到對方手上。我們太想不計代價得到那樣東西。

在談判中，這是落在下風。

那我們控制不住情緒時，該怎麼辦？

有一個很棒的技巧，就是尋找替代方案，轉移我們的關注焦點，這樣就不會那麼容易被牽著走。

比方說，幾年前我和妻子想買下鄰居的房子，開始和對方談判。我們的計畫是買下他的房子，拆除後蓋新屋，目前的房子則用來招待客人。我們每年要接待兩百多位過夜的客人，所以需要更多空間。

問題是，我鄰居的開價太高了，因爲他的開價是根據更熱門地段類似房型的價格。儘管如此，我還是發現自己會在後院來回踱步，想像夢想中的房子就蓋在鄰居的土地上。我必須非常努力克制自己，才不會直接捧著錢去找他。

幸好我記得羅利在課程中教的，當被情緒淹沒時，轉移你的關注焦點，開始尋找替代方案。

一旦我們覺得正在談判的東西獨一無二，就會落入稀缺心態，讓自己被情緒牽著走。

我沒有向鄰居求購，而是打電話給我的房地產仲介經紀人，請他對同一條街上另一塊六公頃的地低價求購。幾年前我就注意到那塊地，但當時它超出自己的預算，所以我從來沒去詢問過。

我的房地產仲介經紀人很不情願地對那一塊地開價求購（之所以說不情願，是因爲他覺得我的開價低到近乎侮辱）。出乎我們意料的是，賣方居然願意談一談。幾個月後，我和妻子以賣方開價的三分之二買下了那塊六公頃的地，我們簡直不敢相信。

奇怪的是，當你以爲沒有其他更好的選擇，就會非要這東西不可，可是一旦你轉移關注焦點，就會重新找回平衡的力量，意識到稀缺心態會讓你付出什麼代價。

這裡的策略是：要小心太執著一樣東西。太執著一樣東西會讓你上鉤，一旦你被牽著走，就會做出不當的決定。世界上還有許多很棒的選擇，記得要先對這些備選心中有數，再開始談判。

★本日極簡商業課摘要

開始談判之前，不要把關注焦點全集中在一個機會上，以免被情緒牽著走。

價值驅動型專業人才

*精熟每一核心能力，提升個人可獲利價值

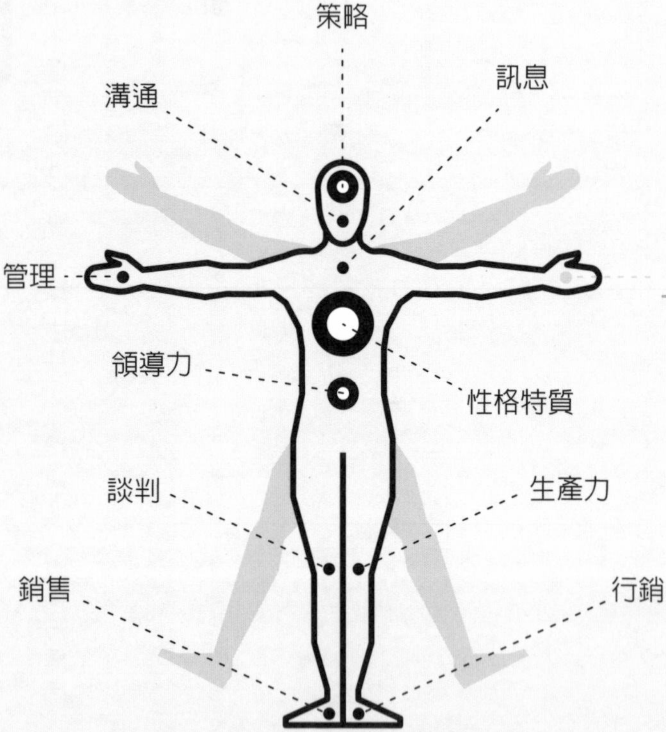

第十章

管理至簡

改善管理技巧，打造高績效團隊

目前爲止，我們談了價值驅動型專業人才的八種能力：如何以使命團結團隊、個人生產力、企業如何運作、訊息、行銷、溝通、銷售，以及談判。比起剛開始時，我們目前無疑是更有價值的專業人士了，但現在再進一步提升價值，談一件大部分人每天都要做的事：管理他人。

管理的重點在於協助別人贏，進而讓整個團隊贏。不受歡迎的管理者，是對於「贏」沒有明確的定義，或者每個團隊成員在協助整個團隊贏的同時，個人可以體驗到的贏，他沒有清晰的想法。

簡而言之，我們會信賴專業的領導者，有兩個理由：

①他們知道自己在做什麼，而且能幫助整個團隊贏。

②他們關心團隊中的每一位成員。

一個優秀的管理者，能夠分析每個團隊成員的技能和才華，爲團隊設計出一套必勝方案。

下一章我會討論創建和運作一套執行計畫。不過，其實我認爲管理和執行是一體兩面。只是管理的重點在於，有創意地把對的人分派到對的任務上。管理是創建系統，執行是管理這些系統。

優秀的管理者能擘畫出一套系統或流程，之後貫徹執行，直到成果卓著。管理者到處都是，即使有時候他們不被稱爲管理者。每一個能自主改善自己工作的人，其實就算是管理者。他們之所以是管理者，是因爲必須分辨輕重，並創造出一套流程，更快、更妥善地完成重要事務。

就算在一人公司，你也是管理者。你必須更快、更好、更聰明地完成工作，這樣才能創造出有形價值，擁有最高的成功機會。

當然，必須時時謹記，我們在管理時，不只是在管理系統，也在管理系統內的人。

在接下來五天，我會介紹「管理至簡」框架，不管是新手管理者或是經驗豐富的專業人士，都可以從中獲益，改善管理技巧。

「管理至簡」框架是一套獨門功夫，不僅涵蓋人員管理的軟技巧，還擴及如何打造高績效團隊。

「管理至簡」框架的目標在於，給每個團隊成員一個值得敬重的管理者，給每份損益表一個高唱凱歌的結算線。

第51天 如何管理人

確立優先事項

優秀的管理者會確立優先事項。

管理者的首要任務，就是要對自己部門的優先事項了然於心。為了達成這一點，我要求我公司內每個部門的管理者，都要很清楚他們要負責產出什麼。不管是銷售合約、潛在客戶、課表安排或是訂閱續約，每家公司的每個部門之所以存在，都是為了增加利潤。每個部門的優先事項，就是該部門職責所在的基石。當你確立了優先事項，就是為自己和團隊中的每一位成員定義出重點。

這聽起來簡單到微不足道，但和我談過的管理者，有半數都不知道自己的部門應該產出什麼。就算能給出肯定的回答，當我和他們的團隊成員談話時，也常得到不同的答案。

沒人能讀出管理者的心思。管理者幾乎每天都必須明確地對團隊說一遍：他們的重點應該是什麼。

管理者在定義部門該產出什麼時，另一個會犯的錯誤，就是模糊不清。如果他們負責的是客服部門，管理者可能會這麼說：「我們的產出是客戶的滿意度。」這好聽是好聽，卻很難衡量，也更難知道要怎麼做才能直接產出。

產出滿意的笑容是很棒的行銷文案，但優秀的管理者應該更實務。

舉例來說，客服部門的管理者，應該定一些更具體的目標，像是百分之百在接獲客戶服務單後的三十分鐘內完成。如果知道客戶在提出要求後三十分鐘內能獲得回應，可以大幅提升滿意度，那整個團隊就會很清楚，該如何群策群力產出這個結果。

我知道這聽起來好像在說文解字，但說文解字很重要。身爲管理者，我們必須清楚定義我們的部門（或公司）產出什麼。

在定義你的部門（或公司）產出什麼時，很重要的是，你選擇的東西要具有以下三項特徵：

①必須是可衡量的。
②必須是可獲利的。
③必須是可擴增的。

必須是可衡量的

你知道自己產出什麼嗎？能衡量嗎？

如果我們是經營餐廳，會想衡量的是烹調時間，以及餐點送上桌要多長時間，因爲如果沒有算好，很可能餐點上桌時已經冷掉了，結果就是客人會埋怨與不滿。

如果我在面試一名管理者，他對我說自己的第一步就是：「將可以爲公司增加利潤的一套產品流程，拆解成不同部分，再衡量這些部分，然後讓團隊負責完成它們」，那麼他會脫穎而出，因爲身爲管理者，他很清楚自己在做什麼。然而，大多數管理者都以爲他們的工作是管理人，對流程從不多想，但人們只有在得知清楚的流程和優先事項後，才能充分發揮能力。

必須是可獲利的

不管一個部門產出什麼，都必須與組織的利潤有直接關聯。

我的活動統籌部門光是產出活動是不夠的，他們必須產出可獲利的活動。如果我的統籌活動部主管以爲部門的工作就只是產出活動，那他們可能會產出五十場毫無獲利可言的活動，結果拖垮整家公司。

這一點很重要，因爲有許多管理者就是這麼做的。他們以爲自己的工作就是上司交辦的一連串任務，只要執行這些任務就行了。這不是管理者，這是基層勞工。管理者必須永遠意識到，他們的產出會影響營收和獲利。

如果一個管理者的上司不去考慮營收和獲利，但這個管理者顧及到了，那麼這個管理者很快就能取代他的上司。

公司的利潤就是底線。如果一家公司不賺錢，那遲早會破產，所有人都會失業。執行長和總裁明白這一點，也會將理解這種壓力的管理者當成志同道合的人。

必須是可擴增的

最後，不管你產出什麼，都必須是可擴增的。這對不想擴大規模的商家來說並不適用，但對大多數人來說，卻是關鍵。如果一位管理者制定了一套流程來創造產品，而這些流程無法以有利潤的方式擴增，那組織的發展就會受限。

能否雇用更多人來創造更多你負責產出的東西？你設計的流程，是否仰賴你或其他員工的個性或技能才能完成？你是否清楚定義出必須執行的流程，使其他人可以加入團隊完成這些流程，進而提高產量？

價值驅動型專業人才知道，如何藉由明確定義要產出的東西來管理一個部門。他們決定要產出的東西，必須是可衡量、可獲利和可擴增的。

我認爲，管理者的工作有極大的占比，就是要知道產出什麼，並確保它是可衡量、可獲利和可擴增的。

可惜的是，只有極少數管理者知道這是他們職責的一部分。大多數的新手管理者會每週和下屬開會，但只是問「情況如何？」，這個問題看似體貼，但其實毫無用處。這位管理者的下屬根本不知道他們該產出什麼、重點該放在哪裡，也沒有任何方式能衡量他們的績效。

一個只想問候一下大家的管理者，更在意的是討人喜歡，而不是受到敬重和信任。雖然這能讓管理者自我感覺良好，但對團隊成員不是一件好事，對組織的利潤來說就更糟了。

人人都想參與一個偉大的故事，打造一些有價值的事。每個人都喜歡衡量自己的進展，並在一年結束回顧之際，能看到自己建造的東西，比一開始更爲雄偉。

管理者要的應該不只是討人喜歡。他們要的應該是打造一個團隊，以可衡量的績效，讓每個人感受到自己的價值和重要性。

如果想要既受歡迎又受人敬重，那就要清楚定義部門該產出什麼，並要求團隊分工合作，達成會影響這項產出的重複、明確的任務。

優秀的管理者會檢視本身和下屬應該負責產出的數字，並問：「我們如何才能做得更好？」

定義部門該產出什麼，就能帶出清晰的目標和期望。清晰，能爲定義這些期望的管理者帶來信任與敬重。

★本日極簡商業課摘要

優秀的管理者知道如何明確定義可衡量、可獲利且可擴增的產出。

第52天 如何管理人

確定關鍵績效指標

確定你要衡量的關鍵績效指標。

優秀的管理者該做的第二件事，就是確定並衡量關鍵績效指標（KPI）。優秀的管理者喜歡衡量事物。他們熱愛數字的程度，就如同他們對人群的熱愛，因爲數字能告訴他們，該如何改善團隊、使團隊成長，以及何時該爲團隊的種種勝利慶賀。爲你工作的團隊總是想知道自己做得如何，除非能以關鍵績效指標來衡量進展，否則你很難告訴他們答案。

等我們定義出部門該產出什麼後，接下來就必須衡量能影響產出的因素。決定該衡量什麼，就等於是在告訴我們自己和團隊成員，哪些特定的例行任務很重要。知道每位團隊成員負責哪些明確、重複的任務，能提高清晰度——別忘了，管理者的清晰能帶來信任與敬重。

在定義出部門該產出什麼後，你還要找出能決定產出的領先指標（lead indicator）。領先指標就是可以導向成功的行動，而落後指標（lag indicator）則是對成功的衡量。

比方說，一月份的一千件銷售，是落後指標。這些銷售已經是過去式，不管再做什麼都無法使它增加。這個月已經結束了。

相反的，要求每位銷售人員每天打十五通電話是領先指標，它會產生落後指標。所以優秀的管理者對領先指標的在意，應該要和關注落後指標相當：因爲領先指標會創造落後指標。

假設我剛接任銷售部經理，第一要務會是找出哪些因素能促進銷售。很可能其中之一的指標是打電話數目，因爲這會帶來潛在客戶。我也可能會發現，初次致電後再跟進自動電子郵件宣傳時，銷售會提升。如果我們寄出正式提案的話，銷售又會再進一步提升。那麼，我該以哪些爲衡量標準呢？潛在客戶、初次致電、發送電子郵件宣傳，以及寄送正式提案。

我可能也會發現到，牽涉到公司頂級交易的時候，由執行長致電跟進提案，可以使成交率提升七〇%。所以在取得執行長的同意後，我也會將這列入領先指標。

優秀的管理者知道如何檢視流程細節，並衡量整體中每個細節的產出。不過，衡量正向指標不是唯一的優先事項，優秀的管理者還要管理潛在問題，也想知道，他們的生產線何時最有可能故障，並估量不同機制觸發維修警報所需的時間，以預防停工。

如果我們不去衡量能提升產出的特定指標，就是放任部屬和部門的重心隨意漂流。而隨意漂流很少能帶來什麼好結果。

優秀的管理者應該要像教練，必須向團隊解釋比賽規則，並明確指示，如何才能表現得更好並贏得比賽。

只會加油打氣的管理者，不算是教練；他們只是啦啦隊長。教練會設計打法，給予明確指示，並與團隊齊心協力創造出能邁向勝利的戰術。

要判定哪些才是關鍵績效指標，你得從必須產出的產品的組成反推回去。

舉例來說，如果某一部門的工作，是要產出能賣出產品的社群媒體文宣，那麼關鍵績效指標可能就是：

①五則強調產品效益，明確且有用的IG、臉書和推特貼文。

②三條關於產品效果驚人的客戶見證。

③每月兩次直接報價，包括限期特惠。

當然，這些明確的任務都能帶來訂單。如果這些關鍵績效指標能一週又一週地達成，公司的利潤一定能提升。

最後提醒一件事，每條領先指標都應該與標準值相比。標準值能讓你知道，是否達成或落後每日、每週或每月目標。如果我們這週應該要打一百通銷售電話，但只完成了七十五通，我們就應該分析機制，看看哪裡需要調整。也許是我們的期望太高？或者也可能是我們的績效太低？這些都是優秀的管理者應該一再追問的。

找出關鍵績效指標，其實就是要徹底了解整個機制的運作，並衡量其效能及輸出。

沒有衡量標準，你就只是在猜測。如果你用猜的，等眞正知道該如何衡量的人出現，你就會被取代。

別讓這種事發生。

找出該衡量什麼，並一心提升你的部門所必須產出的東西的質與量。

有些人認爲這種管理理念，是將人當成機制中的小齒輪。但絕對不是這樣。我們其實是在打造出一場比賽和一個計分板，讓每個人都能明白規則，並享受這場比賽。

優秀的管理者知道如何將工作打造成一場比賽，更知道如何帶領團隊成員贏得勝利。

★本日極簡商業課摘要

確定是哪些關鍵績效指標能使你的最終產品成功產出，然後衡量這些指標。

第53天 如何管理人

創建精簡的流程

創建能提升活動產出比率的流程。

現在我們已經知道該產出什麼，也明白要衡量能促成產出的領先指標，現在該提升我們負責管理的這套機制的效能了。

價值驅動型專業人才和一般團隊成員的差別在於，他們會有創意地思考如何改善機制的表現。

價值驅動型專業人才可以創建機制，評估其輸出，然後調整方法，不斷追求更高的效能和生產力。

但是要如何讓你的部門機制可以更高效呢？只要問一個問題：**我們可以如**

何改善？

大多數和你共事的專業人士都聰明又有才華，所以在改善流程時別單打獨鬥。舉行一系列會議，與你的團隊成員共同分析現有流程，並回答以下問題：**我們可以如何改善？**最有可能提供洞見的，也許不是你，而是團隊成員。此外，當你把整個團隊成員都拉進來，之後他們對你所推行的改善措施也會比較支持。

能使機制更爲高效，是一流管理者的正字標記。雷·克洛克（Roy Kroc）買下麥當勞後，在黑板上畫出餐廳格局，確保每間店的每一位團隊成員都知道自己的特定任務，賣出更多漢堡。

雖然我們大多數人經營的不是速食店，但如果能分析流程，並創建可以提升活動產出比率的系統，一樣可以賺進更多錢。有許多錢在低效能中白白飛走，明白這一點並加以改進的管理者，將會被賦予更多責任。

再次強調，要讓機制更高效，就是要改善活動產出比率。我們要不斷自問，如何才能從活動中得到更多產出。這個問題的答案，也許是要搬動店內設備，讓人員或物品可以縮短移動距離。也可能是要將某些任務外包，或是砍掉疲軟的營收來源，保留精力給利潤更高的活動。

最深層的問題是：**在無損品質又不增加活動的情況下，我們要如何才能產出更多？**

要提升部門的產出與效能，你該問的另一個問題是：我們部門的限制因素是什麼？我們能如何減少這些限制？

你是否花太多時間打電話給不符條件的潛在客戶？是不是每個人都得等著用一台設備，合理的做法是再買一台嗎？是不是有某個團隊成員沒有達到預設標準？是什麼造成你負責操作的機制效能不彰？

優秀的管理者每天都會問這些問題，然後做出必要的改變，提升活動產出比率。

★**本日極簡商業課摘要**

改善自己和部門的產出和效能，問問有哪些限制因素拖累了你們。

第54天 如何管理人

提供有價值的回饋

及早並經常提供有價值的回饋。

我們創建與不斷改善的流程，要透過提供有價值的回饋來維護。有一次我和公司財務長去看西雅圖海鷹隊練習，我不禁讚嘆他們演練的效率之高。他們只用了四十五分鐘，就把下一場賽事要準備的打法一一演練完畢。隊員都聽幾個哨聲進場和退場。練習的每個細節，都化爲人人都記得的流程，然後像瑞士錶般精準地運行。

不過，讓練習眞正有效的，是最後一個環節。卡羅爾教練把全隊召到身邊，一同慶賀練習中的亮眼表現。爲什麼？因爲你永遠不可能把人變成機器，他們永遠需要獲得與人的連結和肯定。

人類遠比機器複雜與奇妙許多。機器無法在一個微妙的世界中，評估美、價值或意義。機器無法對你有同理心，或是眞心關心你的福祉，觸動你的情緒或讓你感到安慰。

所以，優秀的管理者知道，人是最寶貴的資產，在他們努力創造更優異機器的同時，也會特別關懷打造這部機器的人。

在職場中，關心人的適合方法還包括讓他們知道，身爲團隊成員的他們表現得如何。這就涉及讚美與有建設性的回饋。

在給予讚美時，要明確說出團隊成員做了什麼事才贏得這樣的讚美。當我們說「做得好」時，不該假設團隊成員知道，他們工作中的哪個部分值得重複。像是「在壓力下還能保持冷靜，很好」或是「投入額外時間把事情做對，很棒」，這類的評語就比較具體。

要讚美我們團隊成員很簡單。可惜的是，讚美只是管理的一半。提供有建設性的回饋則是另一半。

許多新手管理者根本不敢提出有建設性的回饋。要讚美團隊成員，他們沒有問題，但牽涉到批評的談話就感覺太沉重。所以從團隊成員的觀點看來，他們對個別成員的立場就像是這樣：「很好，很好，很好，你被開除了。」

身爲管理者，我們要謹愼地給予個別團隊成員批評建議，給予的方式要讓他們能夠接受，可以消化他們所學到的，進而成長爲價值驅動型專業人才。

提供良好回饋的關鍵就在於，永遠永遠要**爲了**你指導的那個團隊成員著想。如果團隊成員覺得評判很空洞，是不可能虛心接受的。

我們都見過籃球或足球教練對選手發脾氣，並直接批評他們，有時甚至是在全國電視上。但大多數選手還是很敬愛激動糾正他們行爲的教練。爲什麼？因爲我們沒看到的事實是：教練極爲清楚地表明，他們是爲了這個選手好，希望這個選手能在比賽和人生中獲勝。

任何人都會願意接受（並渴求）眞心爲他們著想的管理者所給的指教。

以下是提供評判性回饋的幾項通則：

①立刻提供回饋。

②要求該團隊成員和你一起探討發生了什麼事。

③要該團隊成員在腦海中採取不同做法「改寫」場景（並與他們一同探討更好的做法），讓該團隊成員知道下次該怎麼做才對。

④提醒該團隊成員，你是爲了他們好，希望他們和團隊能成功。

光是讓團隊成員知道自己失敗了還不夠，他們需要知道自己失敗了，更需要得到具體指導，讓自己未來能成功。

身爲管理者，如果只想利用員工，可以在他們成功時讚美他們，太常失敗時就踢掉他們。但如果是爲員工著想，我們就要讚美他們的成功，並教他們實用的工具，幫助他們一次又一次地成功。怎麼做？透過提供讚美和有建設性的回饋。

★ 本日極簡商業課摘要

對團隊中的每一位成員，給予讚美和有建設性的回饋。

第55天 如何管理人

要當教練，不要當啦啦隊長

優秀的管理者不只是啦啦隊長，更是教練。

教練和啦啦隊長有一個共同點：他們都希望隊伍獲勝。

而這也是他們唯一的共同點。

遺憾的是，大多數企業領導人在雇請商業教練時，得到的並不是教練，而是啦啦隊長。

教練會將自己的商業知識傳授給團隊成員，在成長型組織中複製出許多分身。就算團隊成員不想成爲管理者，他們對於管理者如何做事、爲何這麼做的認知，也能營造出默契和歸屬感。啦啦隊長爲團隊成員搖旗吶喊，教練則指導團隊成員走向通往勝利的過程。

當然，啦啦隊長沒什麼不對，但光是啦啦隊長不足以帶領團隊（或個人）走向成功。

教練與啦啦隊長之間的差異在於，啦啦隊長只會爲你加油打氣，教練會給予明確的指示和目標，幫助你成功，同時也會協助你學習這些框架並運用在工作上。

有幸遇到一流商業教練的專業人士，注定能成功。

一定要讓我們的團隊成員擁有的是教練。優秀管理者知道如何指導團隊。

以下是一流商業教練的五項特質：

①他們希望每個團隊成員都能在工作及生涯中成功。

②他們能誠實客觀地評估每位團隊成員的技能和動力。

③他們傳授團隊成員實用的框架和技巧，而不是期待他們無師自通。

④他們提供常規、謹慎、有建設性的回饋，讓團隊成員能變得更好。

⑤他們讚美團隊成員個人的成功，並肯定他們身分的轉變。

想像一支正在努力成軍的高中籃球隊。在練習的第一天，教練叫全隊站成一排，並說贏得賽季的關鍵很簡單：全隊的得分必須高過敵隊。教練接著說，如果你們的得分沒有敵隊高，就得負責。但別擔心，只要你們做到了，就會獲得讚美和獎勵。

就這樣。

這支隊伍很顯然前途黯淡。爲什麼？因爲他們的隊伍有的不是教練，而是啦啦隊長。

教練會向隊員解釋比賽如何運作，評估每位隊員的長才，把他們放在適當的位置，教他們能提升戰績的實用、重複性的動作，使每個隊員都不斷成長，最後引導他們達到個人的轉變，這樣就能成爲最好的籃球員。

在商業界中，少有專業人士一開始就知道有效的商業框架，更別提傳授給團隊成員了。大多數企業擁有的不是管理者（教練就更少了），而是啦啦隊長。該改變了。

身為管理者，把你在這本書裡學到的框架，教給團隊成員。幫助他們了解企業如何運作，讓他們知道自己早已掌握哪些有價值的技巧，以及哪些技巧又該改進。

團隊成員雖然喜歡啦啦隊長，但他們更喜歡且敬重教練。優秀的管理者就是好教練。

★本日極簡商業課摘要

當個教練，教導每位團隊成員可以取得成功的框架。

價值驅動型專業人才

*精熟每一核心能力，提升個人可獲利價值

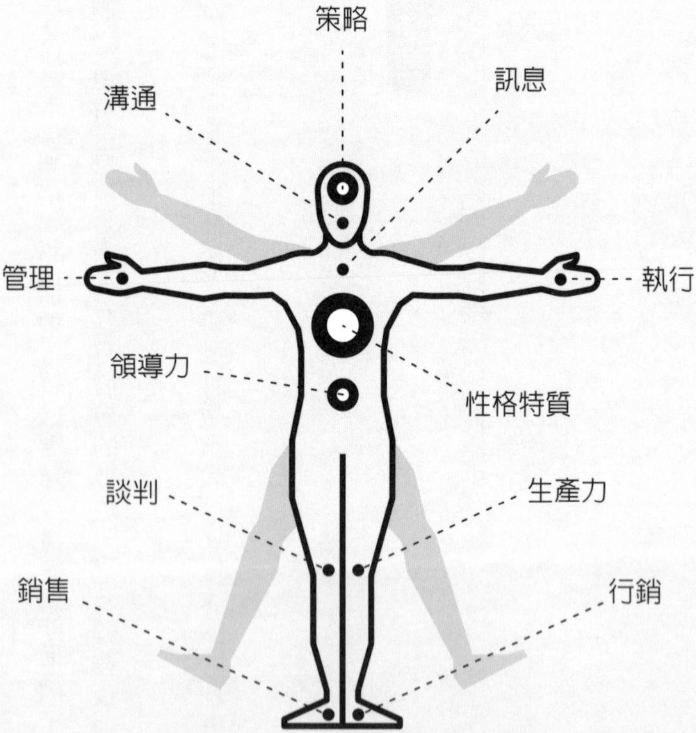

第十一章

執行至簡

徹底執行流程，完成任務

現在我們已經知道了有能力的專業人才的性格特質，創造出自己的使命宣言和指導原則，提升了個人生產力，明白了企業如何運作，能闡明訊息，學會了做精采的演講，了解到行銷的銷售漏斗如何運作，學到了一套能幫助我們成爲更好談判者的框架，也知道能讓我們成爲備受敬重的管理者框架。現在讓我們來運作一套執行系統，確保整個團隊充滿活力又具高生產力。

在團隊成員的能力中，我最看重的就是執行力。

我們可以把點子談得天花亂墜，但唯有把點子化爲實際產品，賣給客戶，公司才有可能往前進。

現在我們已經知道，如何創建良好的管理流程，那該如何確保這些流程被徹底執行呢？

如果沒有一套執行系統，團隊成員會像在迷霧中工作。

能建立並管理一套執行系統的價值驅動型專業人才，就能破除迷霧，帶來光明。

我的員工中領最高薪的，是負責管理執行系統的人。爲什麼？因爲他們能確保團隊中的每一位成員，都發揮出最高水準。

只有產品上架，銷售人員配備了他們需要的資源，行銷宣傳也充分執行，公司才會開始賺錢。除非這些工作徹底執行，產品也帶來營收和利潤，否則一大群人投入的每一滴心血都會白費。每年都有無數心血，因為缺乏良好的執行系統而被白白浪費。

如果說「管理至簡」是在設計一套生產可獲利產品和服務的流程，那麼「執行至簡」就是如何管理這套流程當中重複（且相關）的任務。

「執行至簡」的框架步驟如下：

①召開啓動會議，啓動一項專案或計畫。
②要求每一位團隊成員填寫「一頁紙」。
③每週進行「進度檢查」。
④記錄成績並衡量你的成功。
⑤慶祝團隊的勝利。

精通經營的人都知道，如何推動一個流程，直到它完成。運用「執行至簡」框架，會讓你成爲任何組織都需要的團隊成員——一個能完成任務的團隊成員。

第56天 如何執行

召開啓動會議

召開啓動會議，啓動一項專案或計畫。

你終於被交付了一項專案。你已經等了好幾年，才被賦予這種等級的責任。你知道，如果能完成這項任務，就可以在組織中脫穎而出。這可能就是升職、加薪，甚至是成爲部門主管。那麼，你接下來該做什麼呢？

如果你和大多數人一樣，可能就會列一份鉅細靡遺的龐大清單，雖然其中幾個關鍵目標你可能會請人幫忙，但你還是會獨自承擔絕大部分的工作，想確保一切都不出錯。

一週又一週，一個月又一個月過去了，你開始不確定上司到底想要什麼，然後部門內部又遇到了一些小危機。管理危機比你被要求啓動的專案更緊急，所以你把專案先擱在一旁，等有空再繼續。

一年後，曾經那麼重要的專案，在一次會議中被提起。你難爲情地解釋，似乎是被其他優先事項耽擱了。

上司很失望，在心裡默默給你打上了「頂多是中階主管」的標記。

遺憾的是，這名上司是對的。在任何組織最高層的人物，不一定創意十足、聰明、熱情、甚至是勤奮，但他們每個人都知道如何完成任務。

所以，我們該如何完成任務？

完成任務的方法，就在於把專案拆解成小部分，然後運用一套執行系統管理，讓每一部分完成。

當你被交付一件重大專案，在考慮該如何完成時，請別用直覺行事。你應該遵行一套嚴謹的檢查清單，並配合幾個例行流程，確保專案的完成，而且是如期完成。

在啓動會議上第一件要做的事，就是填寫「專案範疇」表單。你可以在

ExecutionMadeSimple.com免費下載這張表單。專案範疇表單上的四個問題將引導你：

① **設定清楚的成功願景：**以清楚分明的語言，定義出該完成哪些事。要確保你定義的成功是可衡量的，這樣才能充分掌握完成的時間。

② **指派領導人：**要確保專案的每個環節，都有一個明確的領導人。如果專案的某個環節沒有完成，應該有人要負直接責任。

③ **確認所需資源：**列出你和團隊要完成這項專案所需要的一切資源。指派人員去蒐集這些資源。

④ **設定附有關鍵里程碑的時間表：**在公共區域展示標記著重大里程碑達成點的時間表。

如果你與團隊一起開執行策略會議，請在一次會議中回答這四個問題，並製作必要的素材。

在會議結束時，記得宣布這項專案已經正式啓動。這能讓團隊成員對專案變成確實存在的那一刻產生心理記憶。讓他們知道它不只是一個點子、想法、期許或夢想。它是一項已經啓動的專案，有人在期待它完成。

這裡的關鍵在於，極力避免不分輕重緩急。每個人都應該知道，自己要直接負責專案的哪個部分、何時要完成，以及爲何它很重要。

全心投入的前提是清晰。除非你清楚表明該做哪些事、由誰做與何時該完成，不然專案就會失敗。

★本日極簡商業課摘要

召開啓動會議時填寫專案範疇清單，幫助自己設定清楚的成功願景、指派領導人、確認所需資源、設定附有關鍵里程碑的時間表。

第57天 如何執行

填寫「一頁紙」

要求每一位團隊成員填寫「一頁紙」。

在專案啓動後，團隊內的每一位成員應該都要非常清楚兩件事：部門的優先事項和他們個人的優先事項。

不管你的啓動會議有多成功，不分輕重緩急的迷霧還是會找上你和團隊，而它唯一的目標，就是阻止你完成任務。

所以，「執行至簡」框架的第二步，就是要求團隊中的每位成員填寫一頁紙，請見【圖表11-1】。同樣的，你可以在ExecutionMadeSimple.com免費下載一頁紙範本。

姓名

我的部門優先事項

①
②
③
④
⑤

我的個人優先事項

①
②
③
④
⑤

我的發展計畫

①
②
③

圖表11-1

在啓動會議上就要求每位團隊成員塡寫一頁紙是個好主意。不用擔心第一次就要盡善盡美，一頁紙是一份不斷變化的文件。隨著專案進展，越來越多任務完成，優先事項也會隨之變動。

在我的公司，我們會把大張的一頁紙印出後護貝，掛在每個人的桌子附近。爲什麼？因爲幾乎每天無時無刻，人們都會忘記自己的優先事項。在讓人團團轉的電話鈴聲和逼近的最後期限中，大腦很難記得什麼才重要。

一頁紙刻意安排得很簡潔。你和團隊成員只需要在啓動會議上檢視「清楚的成功願景」，爲每個部門列出前五項優先事項，再爲每個人列出個人的前五項優先事項。

將每位團隊成員的一頁紙展示在公共區域，能讓團隊不斷分析彼此的優先事項、徵求回饋，並確保每個人都爲自己的任務負責。

你當然也可以用數位形式的一頁紙，但在我的公司，我們還是偏好印在紙上。我希望一頁紙隨時都能一眼看到，這樣一來，不管電話或電腦上發生什麼事，我們只要抬頭看一眼，就能被提醒該關注什麼。

如果你想的話，也可以把一頁紙護貝起來，掛在每張桌子附近，讓每個團隊成員都能看見。

填好一頁紙之後，每個團隊成員都會知道應該完成哪些具體任務，並對它們負責。

★本日極簡商業課摘要

要求每一位團隊成員填寫一頁紙，建立個人和部門的優先事項。

第58天 如何執行

每週進行進度檢查

每週進行進度檢查，別跳過。

許多專案在啓動不久後就直接陣亡。原因有兩種：

①人們因爲其他的重要任務或職責轉移了注意力。
②人們忘了新專案的細節和重要性。

要達成在啓動會議上定出的「清楚的成功願景」，就必須建立專爲完成這項工作而設計的常規和習慣。

只有當行動被重複執行時，才能養成習慣。

要將行爲化爲習慣，團隊中每一位直接相關的成員，都應在每週舉行的進度檢查會議中，檢視自身行動和優先事項。這個會議是用來保持快節奏及專注，維持團隊衝勁。

可以把進度檢查想成是美式足球隊開球前的圍圈聚商。這不是策略會議，而是一個簡短聚首，確保團隊中的每個人都知道打法，以及他們在打法中的特定角色。

每週在固定時間舉行進度檢查，別跳過。最好是採取站立會議，才不會開得太久。

在開會時，確保每個人都帶著自己護貝好的一頁紙，以備有需要時可隨時調整。

確保每個團隊成員都已準備好每週例行問題的書面回答。

要求團隊成員帶著書面宣言前來，可確保會議簡短，而且必要的行動也被化爲白紙黑字。

進度檢查的結構應涵蓋三項回顧聲明及三項問題：

三項回顧聲明：

①念出該專案的「清楚的成功願景」聲明。

②回顧該團隊成員的部門優先事項。

③回顧該團隊成員的個人優先事項。

三項問題：

①回答以下問題：「各個團隊成員完成了什麼？」

②回答以下問題：「各個團隊成員接下來要做什麼？」

③回答以下問題：「是什麼阻礙了團隊成員取得進展？」

第三項問題是提供機會讓團隊成員求助。領導人的職責之一，就是排除使團隊成員無法取得進展的障礙。

在進度檢查結束後，團隊成員應該覺得受到啓發與指導，主管則應該掌握了簡短的待辦事項清單，準備爲個別團隊成員排除障礙。

進度檢查應該在二十分鐘內完成，所以最好以站立方式進行。坐下來了解狀況，可能會使會議變得冗長，導致邁向清楚成功願景的步伐更慢。

不要錯過或略過任何一次會議，這一點也很關鍵。略過會議幾乎就是篤定讓清楚的成功願景無法達成。如果你無法親自參加進度檢查，可以透過電話或以線上會議方式舉行。

如果專案處於關鍵期或面臨危機，可以考慮每天而不是每週舉行進度檢查。即使因爲太常開會，使得優先事項和任務好像「一直都一樣」，也沒關係。活動產出比率還是會大幅提升，因爲你破除了優先事項不明確的迷霧。

如果你沒有進行進度檢查，執行方案就難以奏效，你的專案或計畫也會無疾而終。

衝勁需要維持，例行進度檢查就是維持衝勁的方法。

★ 本日極簡商業課摘要

每週和所有團隊成員進行進度檢查，維持衝勁和責任感。

第59天 如何執行

記錄成績

記錄成績並衡量成功。

人需要衡量自己的進展，才能健康快樂。不提供衡量進展的方式，卻期望人們表現卓越，只會讓人抓狂，士氣低落。

要振奮士氣，使團隊活力十足，最好的方式就是讓團隊中的每一個人都了解遊戲規則，而且感覺他們正被帶領著走向勝利，並在公開計分板上見證自己的進展。

因此，「執行至簡」框架的第四部分，就是創建公開計分板。

銷售團隊的每個人，本週應該打幾通銷售電話，而他們完成了幾通？內容團隊的成員，應該花多少小時撰寫新內容？客服人員應該回應幾張客服單？

要創建計分板，你要先和所有團隊成員一起坐下來，分析部門的優先事項。將這些優先事項拆解成重複性任務，任務完成就能確保優先事項達成。然後在計分板上衡量這些重複性任務。

如果你的軟體開發人員依需求清單檢查原始碼，那麼你找來的程式人員通常在一週內能檢查多少原始碼？

和你的團隊成員一同合作，創建出部門的計分板。

邁向整體目標時，你想要如何衡量自己的進展？詢問這類的問題很重要，這樣各個部門才會對整體專案有認同感。團隊成員應該要對自己被衡量的方式感到自在，甚至很興奮。

你可能會非常想衡量落後指標，但千萬不要。落後指標指的是總銷售額、新潛在客戶、出貨量等等。等總銷售額出來，不管你做什麼都不可能再提升數字了，因爲已經太遲了。

相反的，你應該要衡量的是領先指標。領先指標指的是你的團隊成員可以採取的行動，最終會影響到落後指標。如果你的落後指標是總銷售額，領先指標也許就是能提升總銷售額的銷售電話數。所以在計分板上請衡量銷售電話數，而不是銷售額。

在團隊成員的進度檢查表單上，衡量多個領先指標是可以的，但要小心不要超過三項。如果多於三項，他們就會搞不清楚哪一個重複性任務才是真正重要。最重要的任務，能直接影響該部門的整體目標。

記得在每週進度檢查時，簡短回顧計分板，請見【圖表11-2】。這應該只需要幾秒鐘。在看完分數後，問該部門是否能有不同做法來提高這個分數。

如果你沒有讓人們知道自己表現得如何，

計分板

銷售電話數	400
午餐會面	6

圖表11-2

士氣就會低落。沒人喜歡在濃霧中奔跑。人都喜歡根據明顯可見的分界點，知道自己身在何處，以及行進的速度有多快。

再次強調，如果你提供計分板讓人衡量自己的進展，這不僅是提升了他們的生產力，更是增進他們整體的幸福感。

★本日極簡商業課摘要

為每個部門量身打造一個計分板，讓每個團隊成員都知道自己部門的進展。

第60天 如何執行

慶祝團隊的勝利

慶祝團隊的勝利，提高士氣。

要領導一個執行系統，很重要的是，要慶祝團隊的勝利，並肯定他們已蛻變爲價值驅動型專業人才。

養成慶祝勝利的慣例，對於團隊的成功至關重要。

遺憾的是，許多好勝心強的管理者並不注意獲勝本身。這不難理解。因爲我們對勝利上癮，所以在終於達成目標後，也不會浪費時間慶祝，而是直接將目光轉向下一個挑戰。

但是大多數人的自我激勵能力都沒這麼強。他們需要得到別人的認可，也需要聽到上位者親口說，這次勝利眞的是個勝利。

大多數電影的結尾，都有一幕場景稱爲「對轉變的肯定」。這一幕會有兩個主要角色——引導者和主角。在主角克服挑戰，完成目標後，引導者會出現，看著主角的眼睛說：「你已經改變，變得不一樣了。你現在更強大、更稱職、更有能力。恭喜，你做到了。」

尤達和歐比王回來對路克點頭認可。在《王者之聲：宣戰時刻》中的萊諾，對喬治王說他是一個好國王。在《小子難纏》裡，宮城先生向丹尼爾肯定，他是貨眞價實的冠軍。

要慶祝一個人的勝利，你可以讓他們知道自己改變了，變得更稱職、更有能力。如果我們想培養下屬，慶祝勝利就是關鍵而必要的慣例。

要慶祝勝利，你需要做的是：

①注意到勝利。

②紀念勝利。

③認可功臣。

我們必須開始注意到勝利。要做到這一點，就要運用我們的計分板。每當超越計分板上的里程碑，我們就慶祝。

第二，我們必須紀念這些勝利。當然，慶祝活動應該與成功有關。如果一名團隊成員達成每週目標，來個興奮的擊掌就很重要。如果達成的是重大的、每月的和整體公司目標，也許就能安排辦公室午餐聚會、蛋糕和歡樂時段之類的活動。

不過，身爲領導人，一定要親口說出對勝利的慶賀。畢竟團隊成員無法讀取我們的心思。在午餐聚會中站起身，讓所有人知道我們在慶祝什麼，這一點很重要，不然慶祝活動就無法眞的提振士氣，並幫助團隊成員轉變對自己的看法。

第三，要具體認可這次勝利的直接功臣。這是很好的機會，你可以看著主角的眼睛，肯定他們的轉變，他們變得比以往更強大、更稱職、更有能力。讓他們知道自己改變了，變得對團隊更有價值。

小心，沒有取得勝利，就別慶祝。你也許會很想慶祝已經很接近一個困難的目標，但這麼做會稀釋眞正慶祝的威力。因爲沒能達成目標而感到失望，是人生中很重要的一部分。想討人喜歡的領導人，會急忙介入，提供支持，爲近乎勝利而慶祝，但這樣的支持無益於團隊的發展。

能感受到輸贏之間的差別，可以讓勝利的滋味更甜美。把慶祝保留給眞正的勝利。畢竟，把球砸在五碼線上還是叫做掉球。

如果你慶祝勝利，並從令人失望的表現中記取教訓，團隊就會不斷進化、變得更好。人人都愛玩遊戲，也都愛在遊戲中獲勝。建立計分板並慶祝勝利，使工作變得好玩、有生產力且使人蛻變。

★ **本日極簡商業課摘要**

透過注意勝利、紀念勝利和認可功臣來慶祝，你就能提高士氣，衝高業績。

結語

恭喜你！

當你買下（或收到）這本書時，可能以爲它只是簡單的每日省思，但這本書不只是如此。這是只有少數人接受過的商業教育。如果你看完了這本書，就是學會了成爲價值驅動型專業人才的基本功，更是學會了六十個大學裡都少有人教的商業策略。如果你想成爲更好的價值驅動型專業人才，請從頭再復習一遍。我保證，你越是實踐所學，在公開市場上的價值就會越高。

事實上，有太多人付出一年五萬美元的學費上大學，畢業後背負龐大學貸，到了三十幾歲才買得起第一間房子（花去十年股本和累積的財富），數十年後又要接著負擔沉重的醫藥費和越來越多的債務，這種情況實在令人難過。我們的學生值得更好的教育。教育不該讓他們失去經濟上的成功或自由。我相信，如果你精熟了本書內容，一定會身價百倍。你不需要背負債務，也能成爲市場需要的人才。

恭喜你踏上成爲價值驅動型專業人才的道路，你就是市場等待許久的人才。現在讓我們實踐這套知識，一起解決這世上的問題。

運用本書打造不斷學習與發展的文化

爲團隊的每位成員都買一本《極簡商業課》，並享受整個團隊都是價值驅動型專業人才所帶來的成果。

運用本書做為組織的入門工具

指示所有新進人員閱讀《極簡商業課》的六十天課程，做爲新進訓練的一部分。

你是否買了超過一千本《極簡商業課》，幫助團隊發展？

每年都有許多大型組織的領導人，在唐納．米勒的家聚首，一起討論他們的挑戰並分享成功經驗。

- 想進一步了解，請上 www.LeadershipAdvantage.com。
- 想更深入極簡商業課課程，請上 BusinessMadeSimple.com 了解極簡商業課線上課程。
- 想找能指導你開創事業或擴大規模的認證教練，請上 HireACoach.com。
- 想確認你的教練或顧問是否擁有極簡商業課認證，請上 HireACoach.com 查看名單。

致謝

沒有「極簡商業課」的出色團隊，這本書不可能誕生。我的團隊每天早上醒來時都清楚知道，我們設計的訓練，能幫助成千上萬的企業更上一層樓，提升營業額，並提供更好的工作給更多人。而且這些費用遠低於大學學費。感謝你參與顛覆美國大學教育體系，以及企業的學習與發展。感謝你相信，每個人都值得擁有改變生命的商業教育。

特別感謝我的內容團隊同事：Koula Callahan、Dr. JJ Peterson 和 Doug Keim，讓本書增色許多。

我始終享受與 HarperCollins Leadership 的出版社及編輯的合作。特別感謝 Sara Kendrick 與 Jeff Farr 精心編輯本書，以及爲本書編輯、排版和包裝的團隊。我還要感謝 Sicily Axton 和 HCL 行銷團隊的支持。

最後，感謝你重視自己的發展或整個團隊的發展，而買下本書。我們相信，經營事業的至簡知識，不應該藏在數十萬美元學費築起的高牆後。全球成千上萬的成功企業，是我們能用來對抗貧困的最佳工具。少了你，這世界就多了苦難。

敬祝　鴻圖大展

Eurasian Publishing Group
圓神出版事業機構
用心與你對話・視野無限寬廣
先覺出版社
Prophet Press

www.booklife.com.tw
reader@mail.eurasian.com.tw

商戰系列 233

極簡商業課：

60天在早餐桌旁讀完商學院，學會10項關鍵商業技能

作　　者／唐納・米勒（Donald Miller）
譯　　者／蔡丹婷
發 行 人／簡志忠
出 版 者／先覺出版股份有限公司
地　　址／臺北市南京東路四段50號6樓之1
電　　話／（02）2579-6600・2579-8800・2570-3939
傳　　真／（02）2579-0338・2577-3220・2570-3636
副 社 長／陳秋月
資深主編／李宛蓁
責任編輯／林淑鈴
校　　對／劉珈盈・林淑鈴
美術編輯／林韋伶
行銷企畫／陳禹伶・黃惟儂
印務統籌／劉鳳剛・高榮祥
監　　印／高榮祥
排　　版／莊寶鈴
經 銷 商／叩應股份有限公司
郵撥帳號／ 18707239
法律顧問／圓神出版事業機構法律顧問　蕭雄淋律師
印　　刷／祥峰印刷廠
2023年4月　初版

定價 390 元　　ISBN 978-986-134-453-9

好的策略要能夠被執行，如果需要天時、地利、人和才能執行，它就不是一個好的策略。

——《為自己再勇敢一次：矽谷阿雅的職場不死鳥蛻變心法》

國家圖書館出版品預行編目資料

極簡商業課：60 天在早餐桌旁讀完商學院，學會 10 項關鍵商業技能／唐納・米勒（Donald Miller）著；蔡丹婷譯-- 初版. --臺北市：先覺，2023.4
352 面；14.8×20.8 公分 --（商戰系列；233）
譯自：Business Made Simple: 60 Days to Master Leadership, Sales, Marketing, Execution, Management, Personal Productivity and More
ISBN 978-986-134-453-9（平裝）
1.CST：商業管理 2.CST：商務傳播 3.CST：職場成功法
494 112001798